最设计丛书

Case Selection of Restaurant Space Design

餐饮空间设计案例精选

“最设计丛书”编委会　编

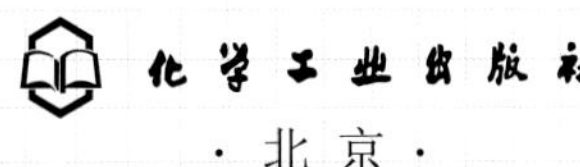

化学工业出版社
·北京·

本书是最设计丛书之餐饮设计分册。

本书集结了餐饮设计领域45个经典的案例，具体分为：食古者慧——中式精品餐厅、味有独钟——特色美食＆主题餐厅、食尚风潮——时尚餐厅＆快餐厅、西风东渐——日式料理＆西餐厅、浅饮慢酌——茶馆＆酒吧等五个部分。每个案例有详细的设计说明、平面图、分部位图及细部图。

希望本书可以给每一位该领域的从业者、学习者提供借鉴、带来灵感、指引方向。

图书在版编目（CIP）数据

餐饮空间设计案例精选／“最设计丛书”编委会编．—北京：化学工业出版社，2018.11
（最设计丛书）
ISBN 978-7-122-33195-3

Ⅰ.①餐…　Ⅱ.①最…　Ⅲ.①饮食业-服务建筑-室内装饰设计-图集　Ⅳ.①TU247.3-64

中国版本图书馆CIP数据核字（2018）第238791号

责任编辑：李彦玲　　文字编辑：张　阳　姚　烨
责任校对：宋　夏　　装帧设计：王晓宇

出版发行：化学工业出版社（北京市东城区青年湖南街13号　邮政编码100011）
印　　装：天津图文方嘉印刷有限公司
889mm×1194mm　1/20　印张13　字数308千字　2019年1月北京第1版第1次印刷

购书咨询：010-64518888　　售后服务：010-64518899
网　　址：http://www.cip.com.cn
凡购买本书，如有缺损质量问题，本社销售中心负责调换。

定　　价：99.00元

“最设计丛书”编委会

组织机构

中国建筑装饰协会

中国国际空间设计大赛（中国建筑装饰设计奖）组委会

中国建筑装饰协会学术与教育委员会

深圳市福田区建筑装饰设计协会

中装新网

主任

中国建筑装饰协会执行会长兼秘书长　**刘晓一**

副主任

中国建筑装饰协会副秘书长、设计委秘书长　**刘原**

中国建筑装饰协会学术教育委员会秘书长、中装新网总编辑　**朱时均**

中国国际空间设计大赛（中国建筑装饰设计奖）组委会副主任、中装新网副总编辑　**章海霞、仰光金**

工作人员

陈　韦　毕知语　刘娜静　丁艳艳　李　艳

李二庆　李胜军　饶力维　张　超

丛书前言

PREFACE

在中国，装饰设计是一门古老而又年轻的技艺。说它古老，西汉未央宫号称“椒房殿”，用花椒和泥涂壁，可以说是中国古代能工巧匠涂饰室内的著名案例，由此，也可上溯秦末，“五步一楼，十步一阁；廊腰缦回，檐牙高啄”的阿房宫的盛景。说它年轻，事实上，直到二十世纪八十年代，伴随着大型公共建筑的兴盛和星级酒店在国内的落地开花，中国方有了真正的现代设计。

中国第一批真正意义上的装饰设计师，除了为数不多的高校室内设计、环艺设计专业出身的设计师，更多的是从市场中野蛮生长的手艺人或美术爱好者，以及那些合资酒店的海外设计师的国内助手们。从借鉴到原创，从辅助设计到独立设计，在改革开放的建设热潮中，很多人开创了属于自己的一片天空，现在依然活跃在设计舞台。其中有一些已成为著名的设计师，做出了很多经典设计，他们的设计生涯，鼓舞着很多从事设计的年轻人。

到九十年代，伴随着经济增长和眼界的开阔，无论是出行还是居家，人们对所处环境的美观度有了更多的需求，在这个背景下，大批设计师走上一线，中国建筑装饰设计真正成了一个行业，涌现出大批精英设计师和优秀设计机构，他们设计的作品，大大提高了人们的生活水平和审美能力。

21世纪，是中国设计大发展的时候，如今，中国设计最好的那一批已经达到了世界一流水准，有些作品，从原创性，从设计感，从东方意境的表达上，已入化境，让人赞叹不已。

我们一直关注着中国装饰设计行业的发展，关注着中国装饰设计师的成长。自2007年开始，我们访谈了数百位优秀的一线设计师，在中国建筑装饰协会官方网站中装新网上设立“最设计”访谈栏目，从设计师的人生经历出来，展示他们的设计生涯和经典案例。代表中国装饰设计国家水平的中国国际空间设计大赛（中国建筑装饰设计奖），每年数百份优秀获奖作品，在中装新网以及相关公众号上展示。

我们推荐及展示的作品，涵盖近年来中国建筑装饰设计领域最具规模和影响力的大型公装作品及众多优秀家装设计作品。造价上亿元、面积逾万平方米的大体量参赛作品层出不穷，环保、创新的小型项目也各具特色。

这些优秀作品让我们欣喜不已，也让我们萌生了将优秀作品集结出版的念头。因此，我们按酒店、餐饮、办公、商业、文娱、家装等分类，每类精选40 ~ 50个优秀作品，集结成册。

在编辑的过程中，广大设计师踊跃参与，在文字介绍、图片提供上给予我们很多帮助，有的还选送了更新更好的作品，在此一并感谢。

设计是一个逐步积累的行业，也是一个需要经验和借鉴的行业，看过的每一张画，走过的每一个地方，读过的每一本书，都可能成为灵感的来源，愿我们这套充满着中国最好的那一批一线设计师智慧的案例集，能给每一位读者提供借鉴、带来灵感。

“最设计丛书”编委会

2018年9月

目录
CONTENTS

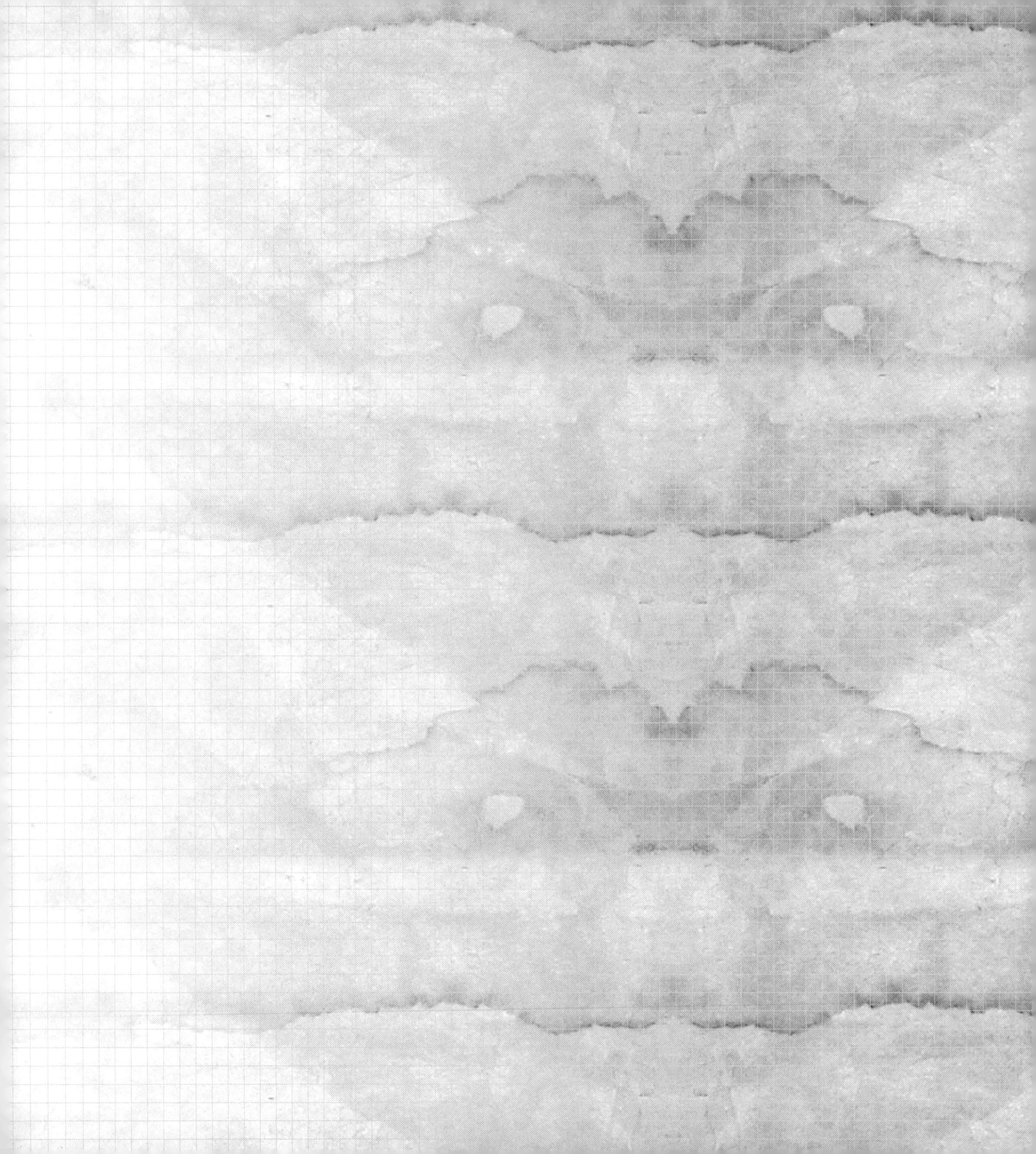

食古者慧

—— 中式精品餐厅

不净．素食馆

传递一种全新的环保、健康生活方式

设计师：
蒋国兴
叙品空间设计 董事长

项目简介

设计区域：室内设计、软装设计
项目总面积：750平方米
主要材料：黑色荔枝面大理石、木拼条、夯土、黑色高亮砖

设计说明

本案是一个主打素食的餐饮空间，分为二层，一楼为接待收银区，二楼是包间卡座区。

进入大厅，是一整面的白砂岩墙面，中间设计了一个小小的六角窗造型，两边摆放着简洁的中式椅子和落地灯，既简洁又古典。内凹的壁龛在灯光的照射下发出淡黄色的光，其他三面墙均以木格作为装饰，斯文又透气。顶面弧形的竹编看起来像中式走廊的屋檐。

往里面走，斧刀石的墙面，粗犷又大气。等待区的中间规划了一处水景，有山有水还有小船，顶面还飘着一处云彩，这样的空间使人想静不下来都难。透过六角窗，又可以若隐若现地看到前厅。黑色方管和铁板组合的层架插满了不规则的小木块，很好地起到了装饰的作用，又给人一种质朴的感觉。

服务台延续了隔断的造型，木质的小花格静静地立在那里，黑色层板架上摆满了红酒，玻璃层板上面发出淡淡的黄光，红酒在灯光的弥漫下一层层静静地排列着。墙面是一幅巨大的黑白水墨画，顶面的设计延续了前厅顶面的造型。

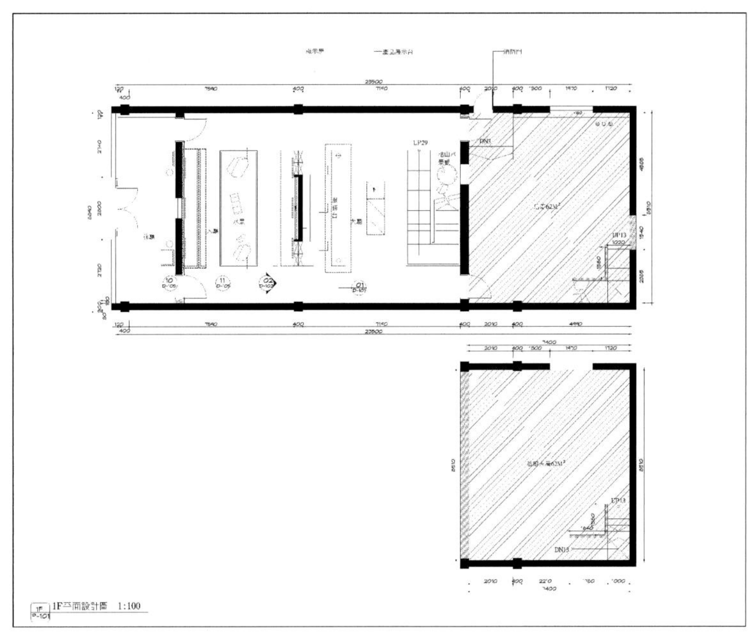

一楼平面图

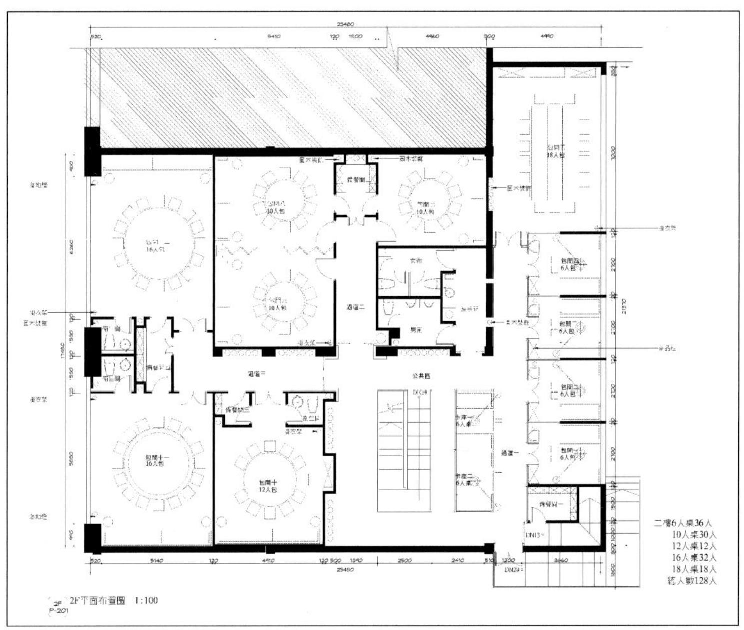

二楼平面图

楼梯下面做了一个枯山水景观，白色的粗沙、尖尖的石头、挺拔的枯树，与水景形成鲜明的对比，一动一静，一实一虚。

二楼走道采用了木拼条的造型，墙顶结合，地面采用了亮面的黑色地砖，内凹的壁龛在灯光的照射下发出微弱的灯光，土陶罐随意地摆放着，整个空间没有多余的灯光，简洁又素雅。卡座区延续了一楼的隔断造型，顶面设计了窄窄的天窗造型，透过玻璃，微弱的月光洒进室内，偶尔还能看见点点繁星。

包间采用了条砖、斧刀石、泥色海藻泥、黑白壁画等质朴粗犷的材质，搭配简洁中式的家具，点缀着白桦木的装饰，给人一种自然、素雅的空间氛围。

洗手区的墙面贴满了粗犷的斧刀石，地面是亮面的黑色地砖，形成鲜明的对比，台盆旁边的枯木在灯光的照射下愈发显得宁静，卫生间则采用了黑色的荔枝面大理石，低调而深沉。

入口景观

门厅

走廊

走廊

楼梯

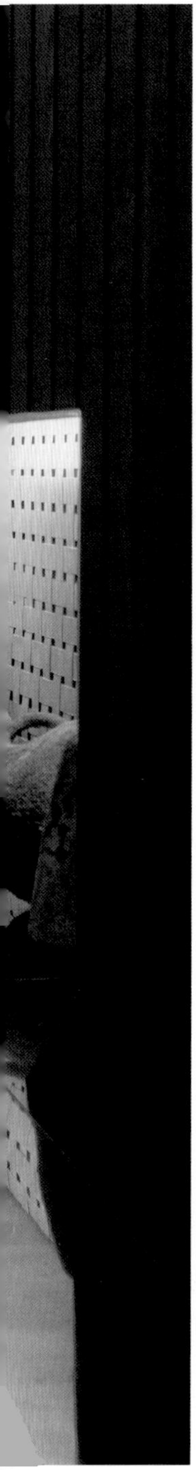

包间

小包间

大包间

大包间土坯墙

连包

过道

景观

收银区

景观

卫生间走廊

榕意

时光简静如水，一蔬一饭，一饮一酌，话说恬淡的惬意

设计师：
王锟
深圳市艺鼎装饰设计有限公司 创始人兼设计总监

项目简介

项目所在地：深圳市
项目总面积：362平方米
项目完成时间：2018年4月
主要材料：地砖、肌理漆、木纹铝板、木地板、铁通、亚克力板
摄影师：江南摄影

设计说明

一个僻静院落，几棵大榕树下，一片小池塘，是“榕意”最初的底色。

“榕意EASE”，一个充满诗意和情怀的名字。“容易-EASE”，生活本就是应该是简单的样子。

以榕树、院子，营造一种院落感。让奔波于尘世中的忙碌的人群有一片远离喧嚣、摒弃浮躁的宁静天地。每个空间都是一个景，自然明洁，带给你轻松的慰藉，自然而动人。时代焦虑急进，然而人们对于简单、品质、美好的渴望始终于心，这正是“榕意”的追求。

项目层高5米，作为用餐空间来说，不易于让人产生舒适惬意感，设计师以防火木板制成房屋框架，使用木纹铝板做空间隔断；简洁的线条，清晰的轮廓与构造，在意境营造上也完美呈现了“榕树下院落”的即视感。

简洁有力的屋檐轮廓，让你一眼就感受到院落带来的归属感。白墙与浅淡木色

的交织，洁净且充满格调。在洗墙光的映衬下白墙的自然肌理被表达得纤毫毕现，摒弃一切繁杂华丽装饰，高度呈现简单自然的美。

浅灰色地砖降低了整个空间的饱和度，多了份空间质感。木纹铝片做隔断装饰，用现代的手法把榕树树枝的形态在空间体现，在分割空间的同时也装饰和提升了空间的整体气质。

天花和吊灯的设计是设计师的匠心之作，以榕树花苞为形态主体，衍生出充满设计感及现代张力的功能装置艺术，成为整个空间的精粹之笔，也让整体环境有了精致大气的沁心体验。

设计需要拥有想象力，设计师使用亚克力板来表达榕树下许愿签的概念，让人与空间产生共鸣。

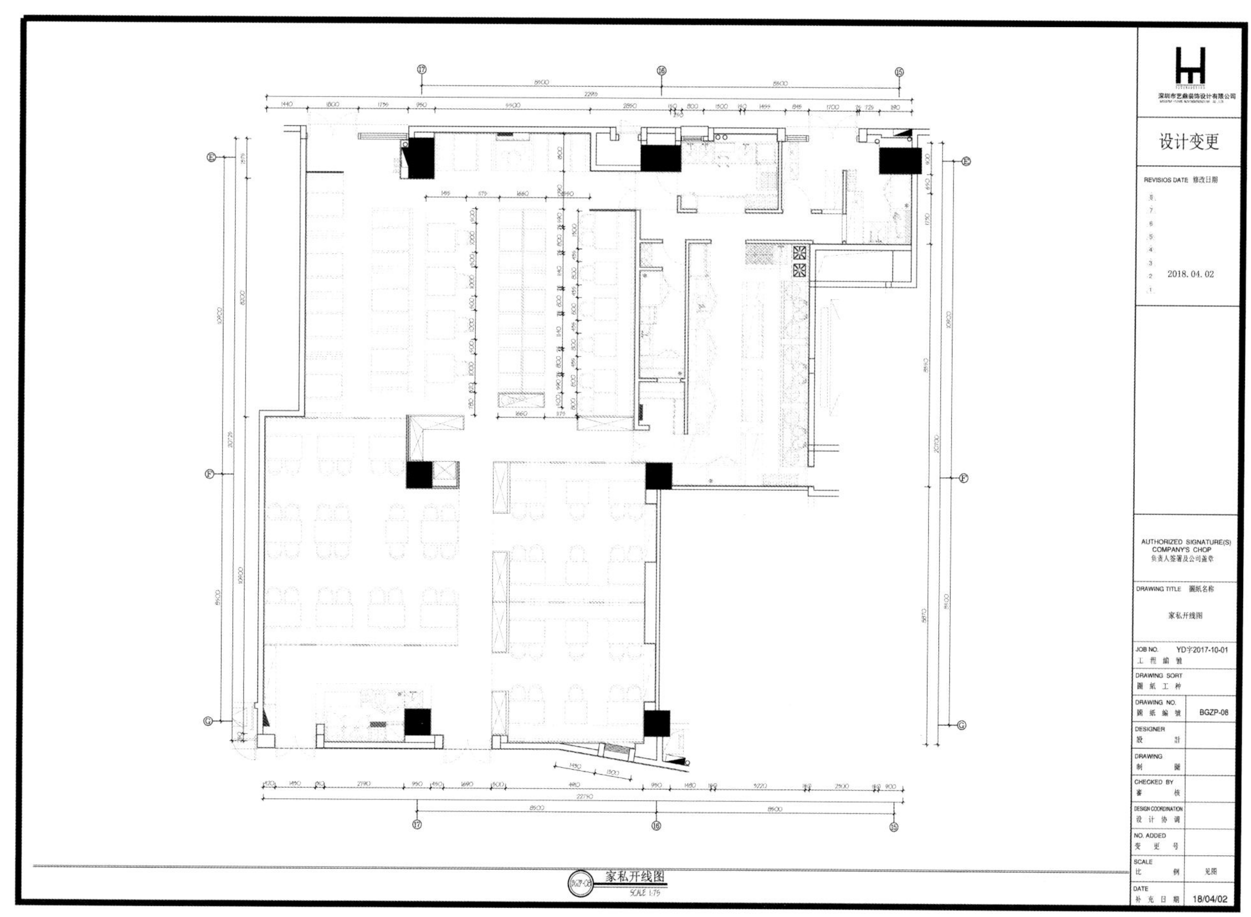

平面图

餐厅外观

门头

过道

服务台

就餐区

就餐区

就餐区

就餐区

就餐区

就餐区

餐厅一角

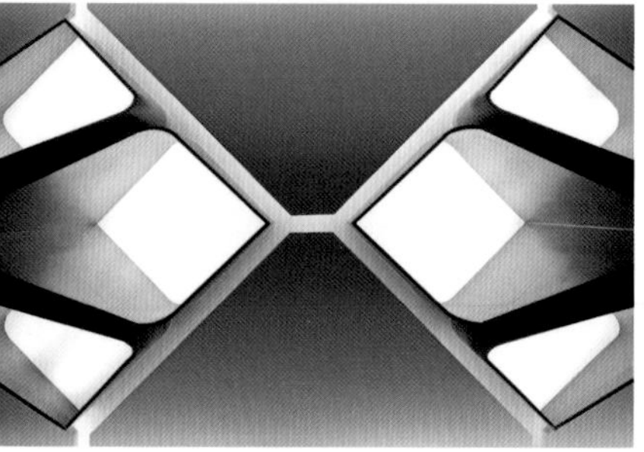

装饰细节

就餐区细节

就餐区细节

就餐区细节

隔断

沙发座位区

元宝餐厅

一切惯有的审美趣味，陡然间幻化为紧绷的神经元的轻微撕裂

主创设计师：
李凡
东厢营造设计顾问机构 设计总监

项目简介

项目所在地：洛阳市
项目总面积：1300平方米
设计机构：东厢营造设计顾问机构
参与设计：谭子颖、陈书义、曹俊峰
摄影师：孙华峰

设计说明

这是一个持续了一年的，由外立面、外场、餐厅三个阶段分步实施的设计项目共四层，约5000平方米，一层为餐厅，2层至4层为酒店。“L”形楼7/8轴～1/4轴交角处是外立面事实上的视觉中心。该轴室内1～2层（挑空）为预留酒店大堂，相邻橱窗可以满足自然采光借景的要求，具备局部封闭以求完整块面的条件。3～4层夹角属于功能盲区，以内置露台方式最大可能地予以开放，与下部1～2层的“实”形成对比，以获得视觉重心应该具备的张力。这一思路亦导致窗式颇具趣味性地由解构后疏密大小的“错乱”分布渐变回传统样式。在外立面设计中，对技术和样式的考量保持了高度克制。开合有度、统一对立这一美学构成法则是自始至终一再被关注的。表皮材料选择也极其重要，无论质地还是调性，灰色陶土墙板都极为准确地兼蓄了这一因果。

相对宽裕的退界让建筑获得了千余平方米的室外场地。右翼空地略大，与滨河路中间有宽达10米的市政绿化带，自然围合出一个幽静的所在，稍加整饬就是一处不错的花园餐厅，

松树盆植所营造的气氛是客人都喜欢的。左翼临路规划为停车场，也是项目主入口的开口方位。设计外立面时，由于考虑到建筑体量关系和视觉效果而放弃了外挑雨棚的传统做法，大门采用了退位内隐的方式。这让入口缺乏鲜明认知特性。因此，该区域设计应以规划交通、解决导向问题为主旨。根据侧进式动线和30° 斜入式泊车位顺势而成的三个大小高低各异的钢板装置，不仅仅满足了功能，并以小见大，与孑然孤立的主体建筑形成外延和对话，具有很好的现场体验感及趣味性。

餐厅处于一层的两翼，左翼进深较小，适于包厢。右翼作为散台区，不仅限于正餐，也可以经营早茶和下午茶。散台区与室外花园餐厅仅有玻璃相隔，形成流动空间。由于气候与环境因素，这样的空间构成在当地并不多见，有意料之外的效果。配置偏多的散台，则意在改变内地用餐必进包厢的固有观念。从上座率和客户体验调查，闲适轻快的开放式就餐环境获得了广泛的认可。或许，正是基于对物料及形式的节制，元宝餐厅设计具备了这样谦逊而优雅的吸引力！

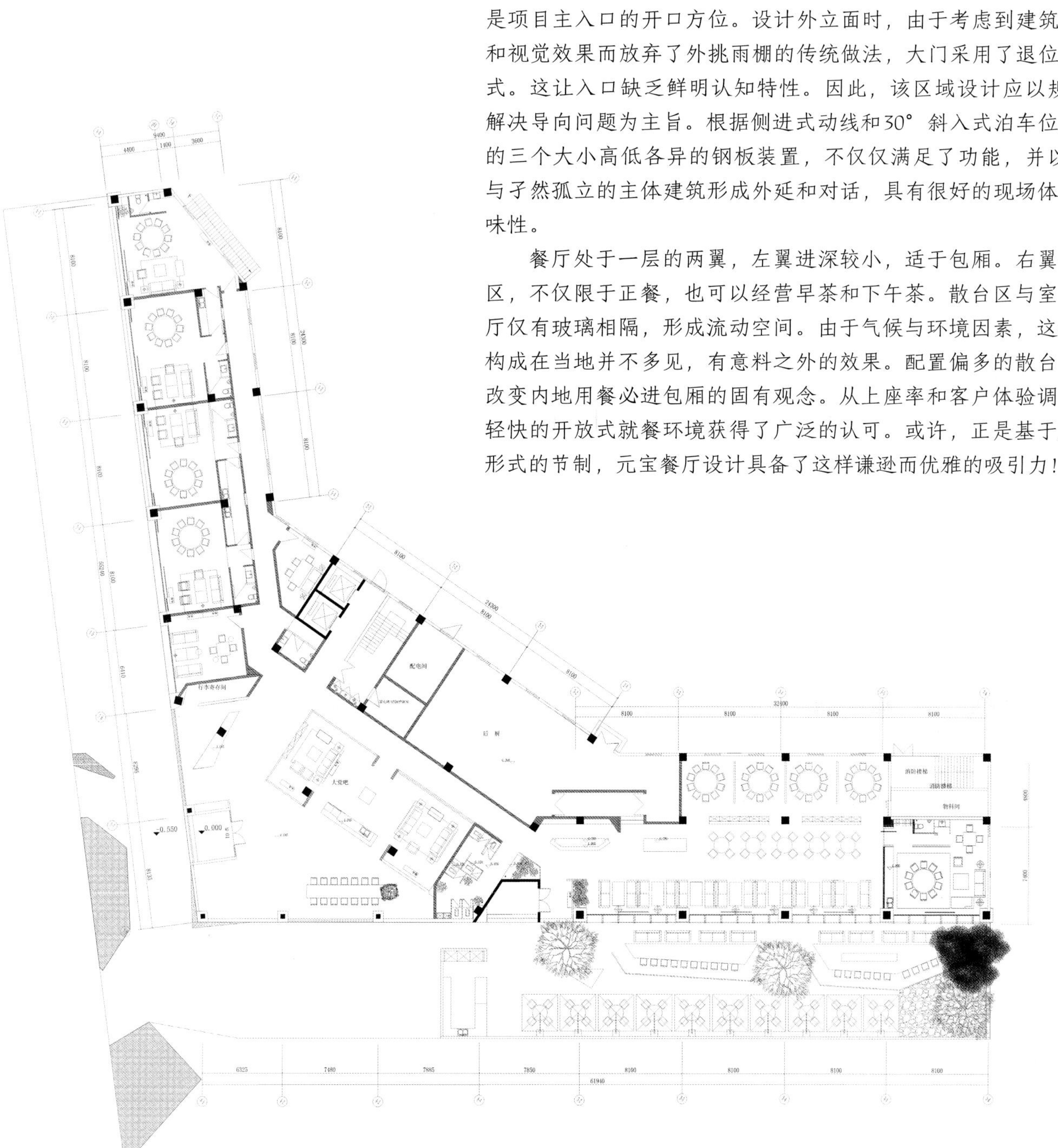

平面图

室外

前台

走廊

室外

室外

前台

前台

走廊

大堂

前台

大堂

大堂

大堂

大堂

餐厅

餐厅

餐厅

餐厅

餐厅

餐厅

餐厅

包厢

包厢

包厢

包厢

包厢

出榫·屋漏痕

屋漏痕，漏出中国本土乡土建筑营造之痕

设计师：

冯羽

大羽营造样式 总呈

项目简介

设计区域：一层餐厅

项目所在地：深圳市

项目总面积：350平方米

项目总造价：150万元

设计说明

“安得广厦千万间，大庇天下寒士俱欢颜”，这是一次源自中国传统乡土土木工法的造屋行动，让匠人、让结构、让空间自己说话。营造出来的视觉状态，其实便是这次营造行动留给这个空间的痕迹。屋漏有痕，故曰“屋漏痕，漏出中国本土乡土建筑营造之痕”。

中国乡土土木的出榫结构与竹板自然的堆叠，以及堆叠中各种榫形成的自然状态，形成整个空间复杂的有机形态。创作过程更像一次乡土土木行动，尊重每一个人的存在、每一个人的智慧。每个参与到其中的人都尽了一分力量，从图纸的形成到创造过程的监控，再到对工人的启发式执行，都是在一种遵循诚意的状态下进行的。每个工人都需要有饱满的热情和坚韧的状态，参与到其中的创作，所以此案中每个人都是艺术家。这样的创作初衷，也是基于中国传统乡土土木的建造过程，遵循匠人精神这一永恒法则，并把它引入当下的现代空间体系。所以，匠人匠作是这个空间的根本诚意。

所有视觉体系都来源于传统乡土建筑，顶部复杂的竹板出榫结构体系、墙上仿佛信手拈来只能用于窥视的小漏窗、漏窗的极限尺寸把握，以及竹板和红砖块的不经意搭配，自

在生成，妙到自然，有其赤裸裸的情感本真。面对玻璃门上的门闩式结构、墙上偶然留下火烧过的痕迹，以及透过层层堆叠的榫卯结构板所洒下来的丰富自然的光的肌理，在乡土生活过或到过乡土的人，会直接感觉到这扑面而来的情感，似故乡的里弄巷道，仿佛在故乡的乡土建筑单体外面，永远不知小小的漏窗里边到底发生了什么。十字竹板立柱，也是通过出榫的状态连接，形成有机自然的视觉形态，质朴、大巧不工、稚拙天真。

回想整个空间的创作状态，始终在努力地去回避设计手法的存在，尽量忽略艺术家“人”的存在，让空间自己呈现出一种真诚的状态和本真。包括所有出榫、所有漏窗、所有烧痕，“天空没有留下痕迹，但飞鸟却已掠过”，空间自己会说话。营造行动之后，“屋”会漏出自己所应有的状态和痕迹，无论光影、无论时间、无论情感。屋“漏”总会有痕，“漏”便是这次造屋行动的过程，“痕”是最后所呈现的视觉形态。结束吧！故曰“屋漏痕”。

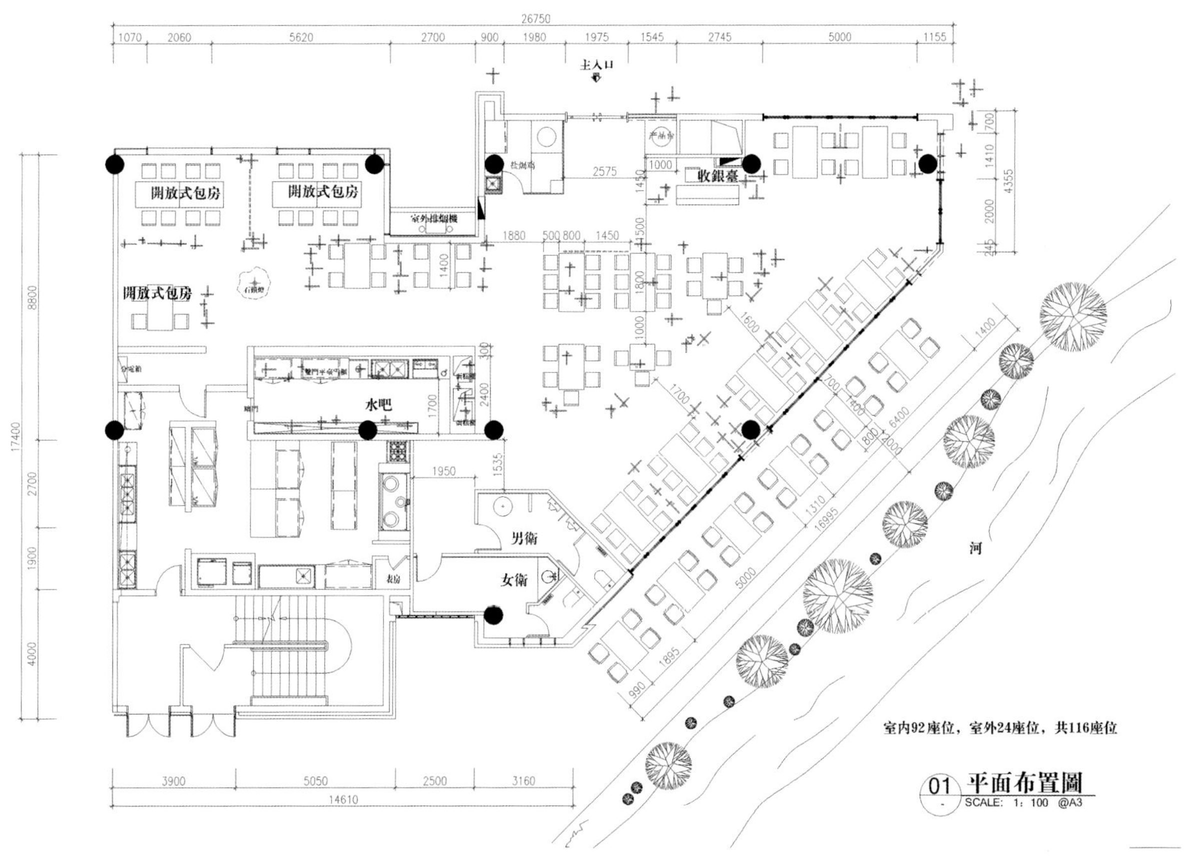

平面图

大堂

大堂

大堂

大堂

大堂立柱

开放式包房

开放式包房

天花

天花

墙体开窗、火烧痕迹

墙面火烧细节

立柱

立柱

立柱

水吧

玫瑰园本木餐厅

古朴、禅意、旷达、幽静，身处其中忘怀悠远

主创设计师：
章楷
中国美术学院国艺城市设计研究院 副院长

项目简介

设计区域：全部
项目总面积：680平方米
项目总造价：200万元

设计说明

玫瑰园本木餐厅位于永康丽州玫瑰园内，整个空间以原木、毛石、青砖、水泥砖等原生材料作为主体，希望营造出古朴、禅意、旷达、幽静的空间感受。

在整体空间布局上，利用8根柱子将大厅分为3个空间，并形成一个类似传统建筑中的廊架空间，丰富了空间层次。由于层高限制，廊架的顶部采用了构架暴露的设计手法，拉升了垂直维度。吧台居中位于大厅北侧，有效地分割了包厢空间和散座空间。

在斑驳的青砖墙面上，设计了一些木构架，像眺望的窗，镶嵌着一层一层的自然山水，使人处于其中仿佛能忘怀悠远。

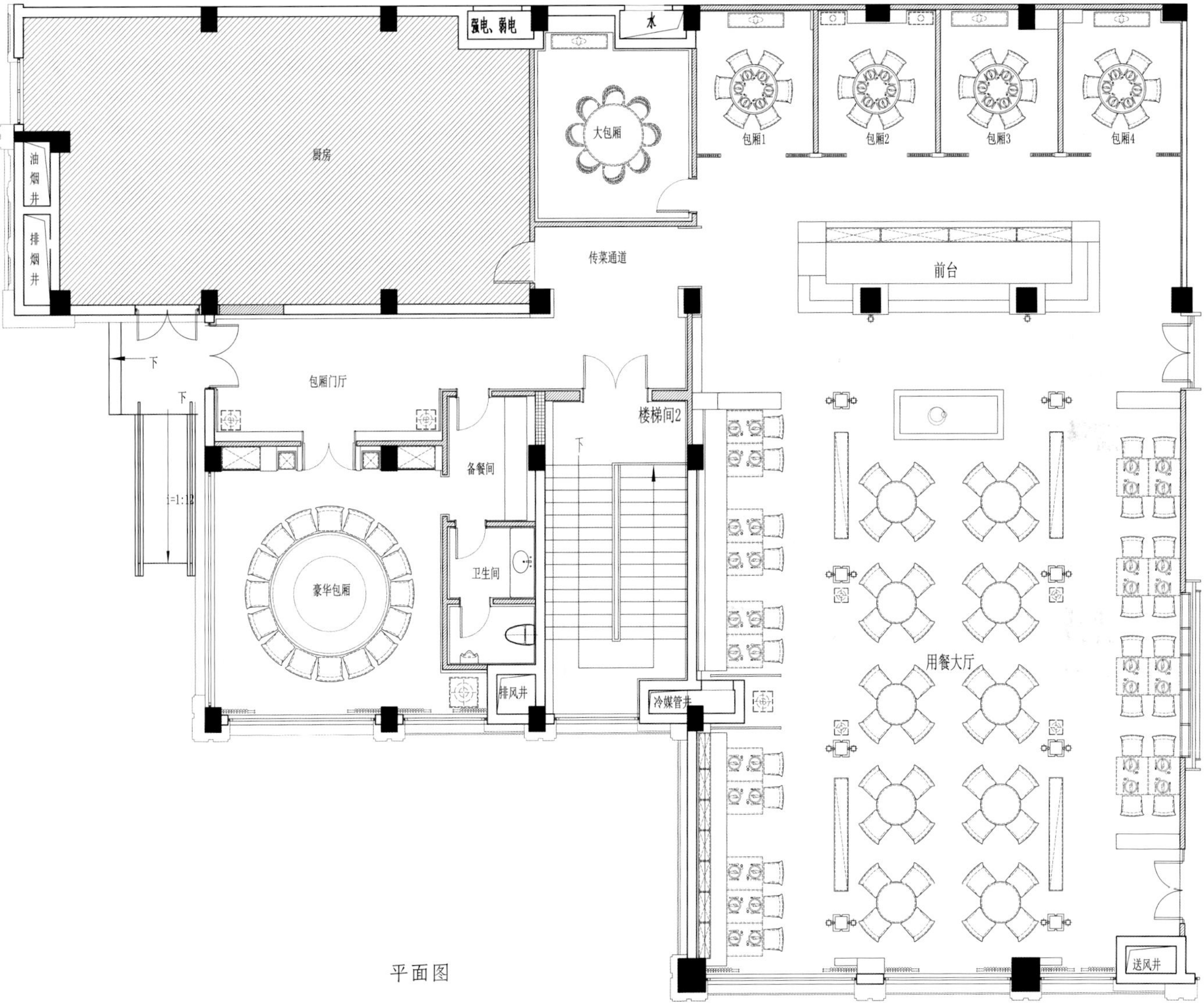
强电、弱电
水
厨房
油烟井
排烟井
大包厢
包厢1
包厢2
包厢3
包厢4
传菜通道
前台
包厢门厅
下
下
i=1:12
备餐间
楼梯间2
下
豪华包厢
卫生间
排风井
冷媒管井
用餐大厅
送风井

平面图

餐厅入口

餐厅大堂全景

餐厅大堂侧面

餐厅景观特写

餐厅吧台特写

吧台反面

餐厅走道

餐厅吧卡座特写

餐厅大包厢

餐厅小包厢

餐厅卡座一角

闻雨小院

坐看红树不知远，行尽青溪不见人

设计师：
周球
长沙丛林装饰设计有限公司 总设计师

项目简介

设计区域：建筑设计、室内设计、园林景观设计、软装设计、灯光设计
项目所在地：湖南省株洲市
项目总面积：600平方米
项目总造价：200万元
主要材料：青砖、麻石、火烧板、樟木、马尾松、水泥混凝土等
主要植物：红枫、佛肚竹、毛竹等

设计说明

设计的构思源于院落主人对儿时故乡村庄的回忆，青砖黑瓦的湘南小院里，亲朋好友闲时相聚，喝茶、休憩、小酌三两杯，小院主人希望将她这段最美好的回忆重新复现出来，让每位到此的顾客听到、闻到、看到并感受到。

为此，我们以新中式景观，融合东方美学、湖湘传统文化与现代元素，对院落进行解构、重组、简化、衍化，从而形成了一个涵盖建筑、园林景观、室内设计在内的园林庭院式餐厅设计。

建筑分为露天庭院、室内包间两个部分，以回廊栈道贯通，又借由观景屏来塑造一步一景的视觉效果。

建筑主体采用钢结构，墙体用青砖，保留了湘南传统建筑的青砖黑瓦的特点。

主要材料均采自湖南当地传统的青砖、麻石、火烧板、樟木、马尾松。

生于自然，融于自然，栖于其中，一石一木、一砖一瓦均源于设计师骨子里对中式文化的沉淀和积累，此外，每个房间都有两至三面落地玻璃钢构墙，全玻璃的门与窗，看庭前花开花落，望天边云卷云舒。

不同于刻意追求古香古色的传统中式餐厅，除了你与自然，这儿无需任何赘余装饰。

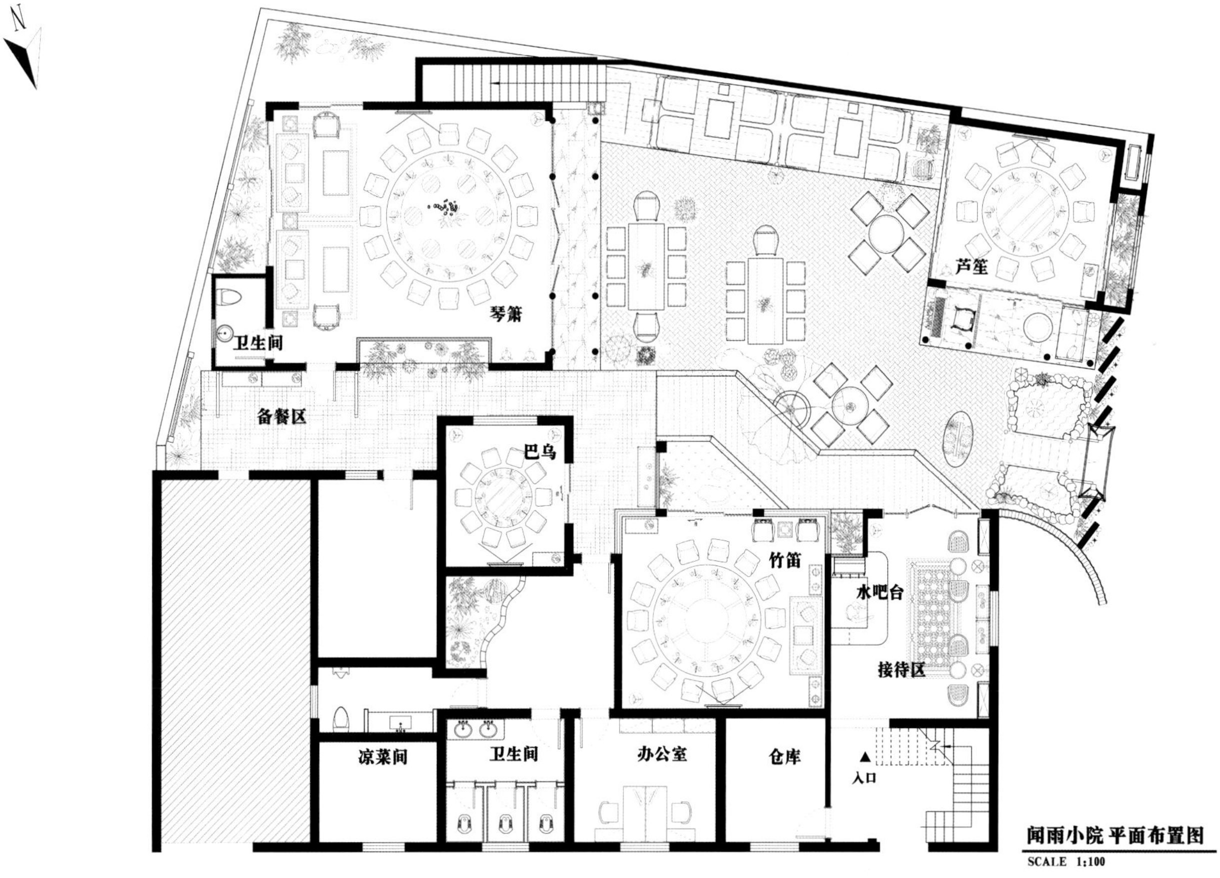

平面图

小院窗内

小院窗外

小院

小院

小院

小院

小院

月亮里月亮外

走廊

局部

局部

小院墙面

雨中的小院

雨中的小院

越小馆

《从百草园到三味书屋》场景重现

设计师：
吴晓温
大石代设计咨询有限公司 合伙人

项目简介

设计区域：室内设计
设计单位：大石代设计咨询有限公司

设计说明

概念——来自鲁迅笔下的故事《从百草园到三味书屋》。这篇散文，是我们童真的回忆，就像春天的清风轻轻唤醒大地的绿意，淡淡的清香，回绕在心田……

平面——叙事性平面布局。以鲁迅的文学作品形成暗线，以游园的动线展开增强体验的趣味性。粉墙黛瓦，乌篷船，是绍兴的记忆，一幅长卷再现了百草园的儿时场景，捕鸟是我们忘却不了的画面……绿荫树下回忆那蝉鸣的盛夏，一壶绍兴黄酒，几颗茴香豆，我们仿佛看到鲁迅笔下生动的人物……

材料——回收材料再利用。把拆下来的旧砖瓦，结合造景的形式，应用到动线隔墙当中。运用国画留白的手法，大量减少不必要的造型……

体验——鲁迅先生《从百草园到三味书屋》的散文，是我们共同的回忆，场景给顾客以代入感及叙事性的空间营造的游园感受，有美食，有故事，有体验，使就餐形成一种多重体验……

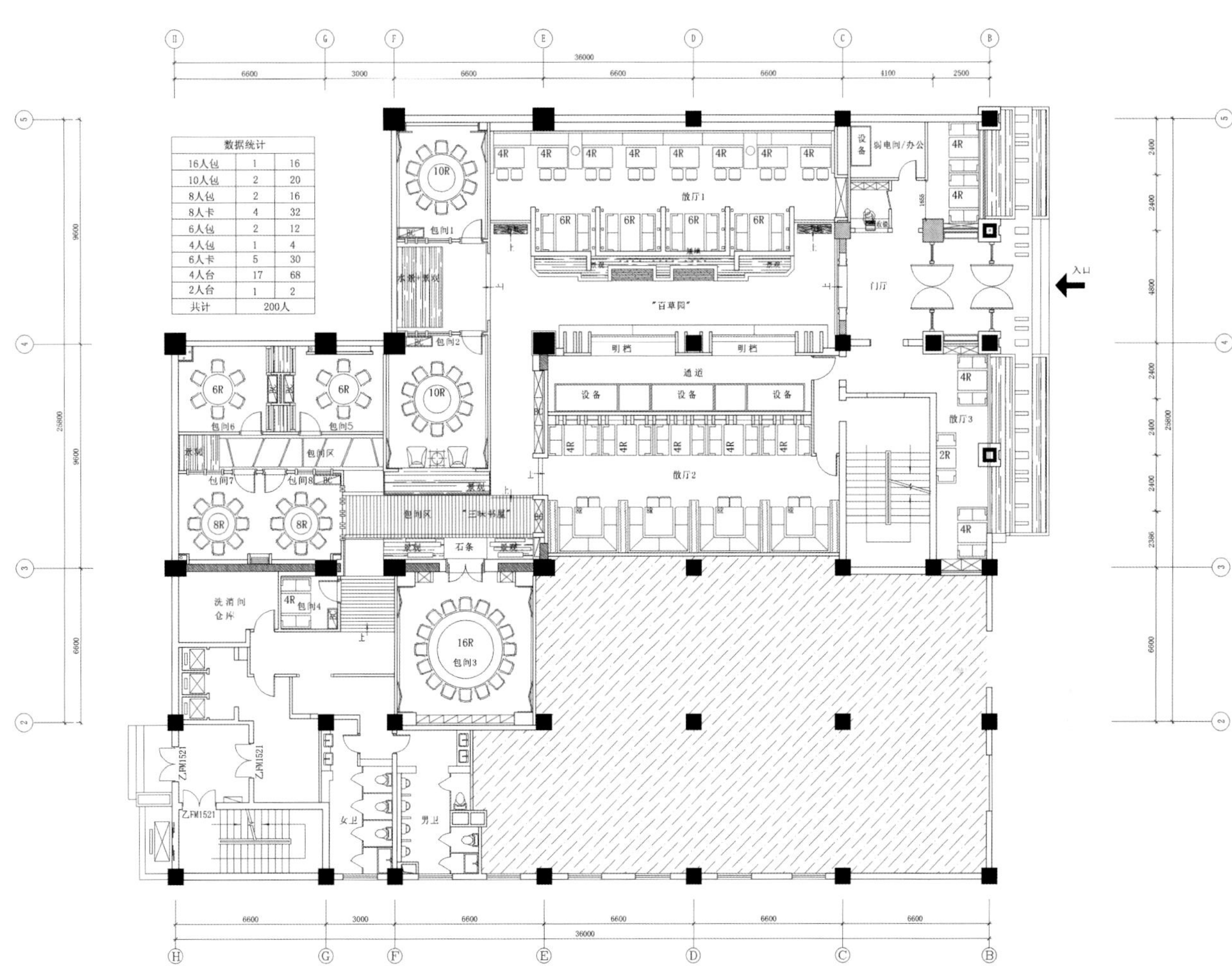

数据统计		
16人包	1	16
10人包	2	20
8人包	2	16
8人卡	4	32
6人包	2	12
4人包	1	4
6人卡	5	30
4人台	17	68
2人台	1	2
共计	200人	

平面图

外观

过道

过道

过道

过道

就餐区

就餐区

就餐区

就餐区

就餐区

就餐区

餐厅一角

包间入口

包间

包间入口

包间

细节

细节

包间

细节

竹雨堂

窗竹影摇餐桌上，野泉声入庭院中

设计师：
穆鑫
河北丰泽金日建筑装饰设计有限公司 创始人及设计总监

项目简介

设计区域：室内设计、软装设计、灯光设计
设计风格：新中式
设计单位：河北丰泽金日建筑装饰设计有限公司

设计说明

在快节奏的城市生活里，在城区能找到一块闹中取静的地方本来就不容易，方案结合这个位置降低了餐位数容量，把多数空间拿出来给到了庭院、走廊……这样让客人在行走中体验空间的同时，也大大增加了客人就餐的私密性！在前庭的设计中，把外立面和室内邻窗卡座的位置以檐下的形式做了连廊，人们坐在窗前既可以观看45米的绿化，也可以体验建筑和装饰一体的空间感受，至于连廊的形式，是用书法中“竹”字的笔画结构来实现的；从外观看，结合二楼平台的起伏，女儿墙在形式上也表现出中国传统的坡屋顶剪影造型；外立面和内空间中包含了从各地搜罗来的5万块儿老青砖，由内而外表现着一种沧桑的时间美感……

从前庭到后院的过程中经过了一个二层小楼，采用双通道形式把后院的六间包房和前庭做了连接，既可以在空间的穿透中表现景色，也可以解决客行通道和送餐服务通道的交割。

后院有水——一个无边界水池，在水中沉着两丛慈孝竹，是院落中障景手法的道具，也是扣竹雨堂之题的方式。

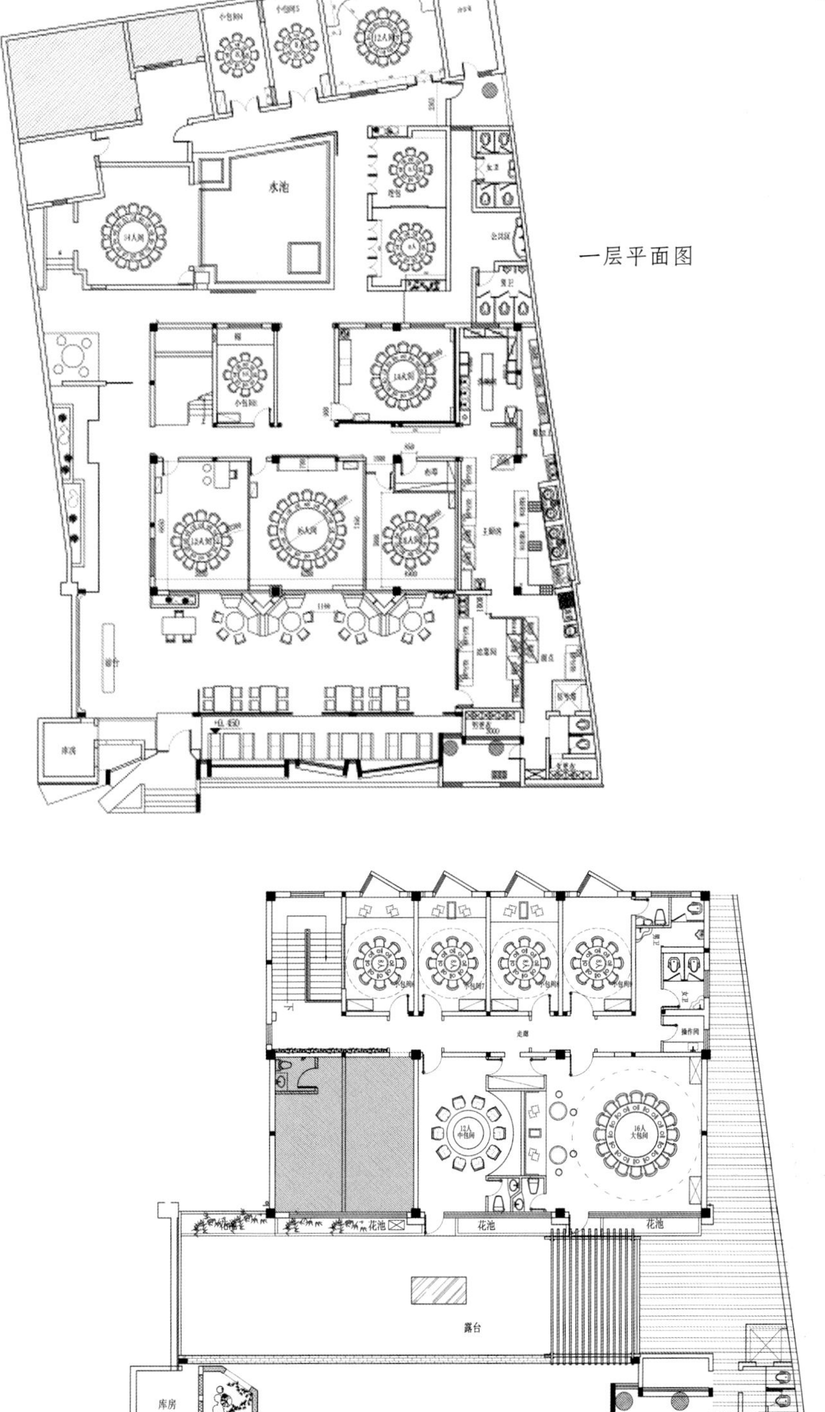

一层平面图

二层平面图

东侧“初月”房间原本在通道尽头，没有私密性可言，后期我们把这个房间向西平移了2米，有了它自己独立的门厅，大大加强了这个房间的私密性，从庭院向北看到二楼的窗子：设计时用一个30°的斜面挡在窗前，这个设计主要是为了解决南向的窗子采光太好影响菜品和环境的问题，这样可以避免对面居民和食客的对视，也避免了夕阳的暴晒。凡是看到的光都是东南向的，给人一种朝气的感受。

楼上有两间最大的包房，房间的北侧连接着200平方米的露台，放眼向北则是茂密的45米绿化，有种置身花园的感觉……露台的设计既是为了满足空间设计的层次感觉，同时也为客人们提供了一个安逸的户外活动空间，到了暑期或者温暖的春秋，可以搞上几位小菜，纳凉小酌。

餐厅外观

包间

过道

就餐区

门牌

庭院

庭院景观

包间

包间

细节

细节

细节

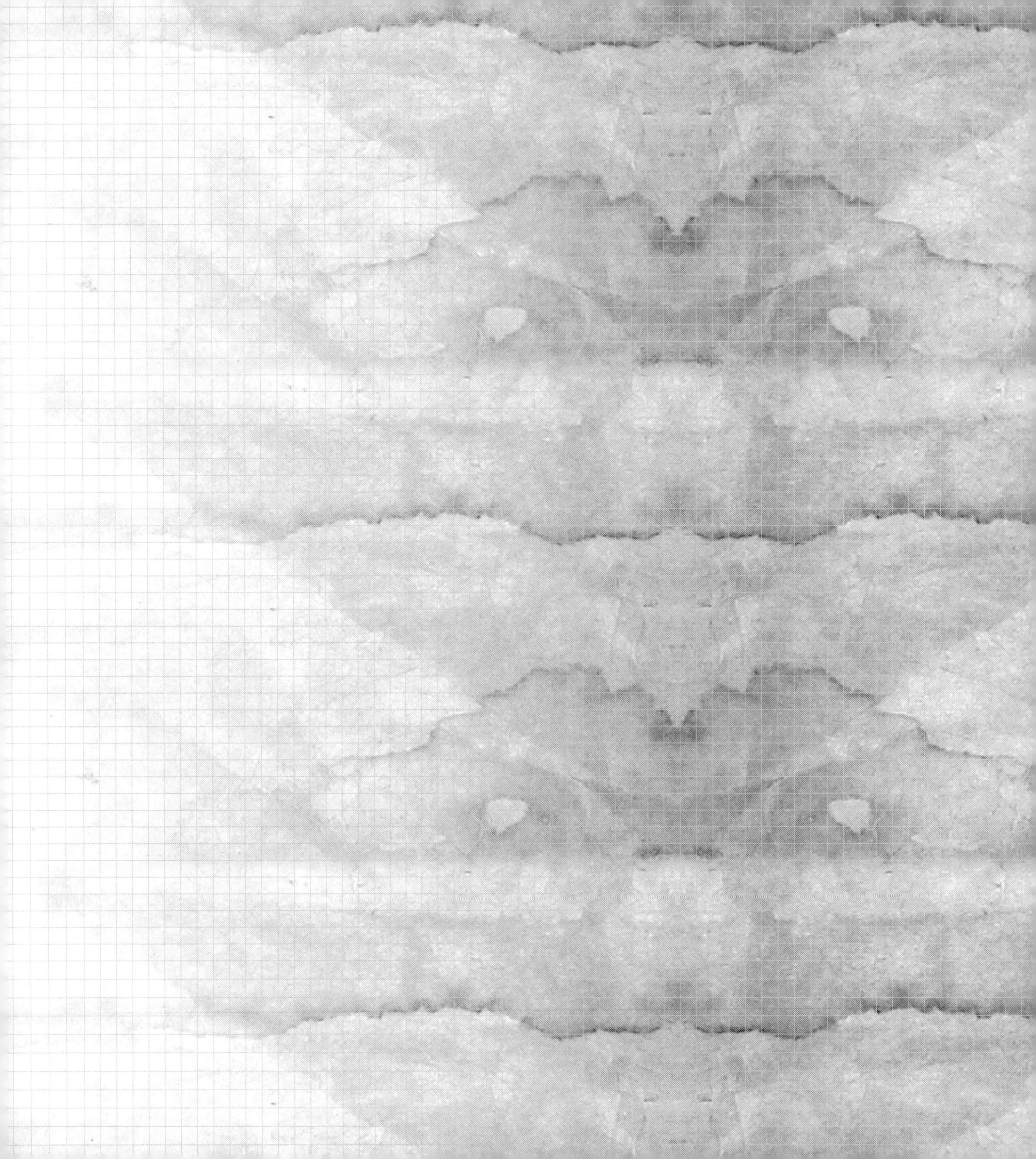

味有独钟

—— 特色美食&主题餐厅

深圳79号渔船海鲜主题饭店

工业风格+海鲜店=时尚、年轻、沉稳的质感

设计师：
陈岩
深圳市山石空间艺术设计有限公司 设计总监

项目简介

项目所在地：深圳市
项目总面积：5000平方米
项目完成时间：2016年12月
主要材料：水泥地板、黑钛钢、木饰面、墙纸等

设计说明

79号渔船是深圳著名的海鲜连锁餐厅，设计者在罗湖分店的设计上力求打造品牌新格调。

本案以水泥板和木饰面为主构筑了大部分空间壁面效果，打造出工业风格的海鲜店，并在自然和朴实的基础上，局部用鲜艳色彩加以点缀，细节处展现出独立个性，作为现代工业风的餐厅，它有着鲜明的个性情怀而又不显过于冷淡。

地面的小花砖、墙面的色调、饶有趣味的装饰物，将空间调和得时尚年轻充满活力，又带有沉稳的质感。水泥板和钢材交错，加之人字拼花木饰面，演绎出粗中有细的韵致，并在空间中融入幽深低调的怀旧色调，让餐厅的工业风色彩浓厚而不沉闷。整个设计以现代手法演绎空间层次和灯光照明效果，增加环境幽深的氛围，让空间更具层次感。

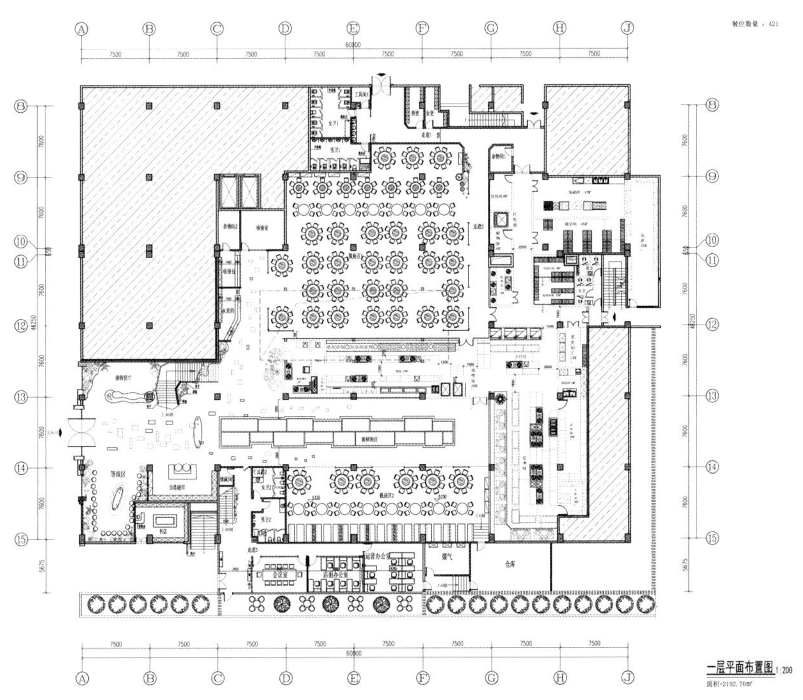

一层平面图

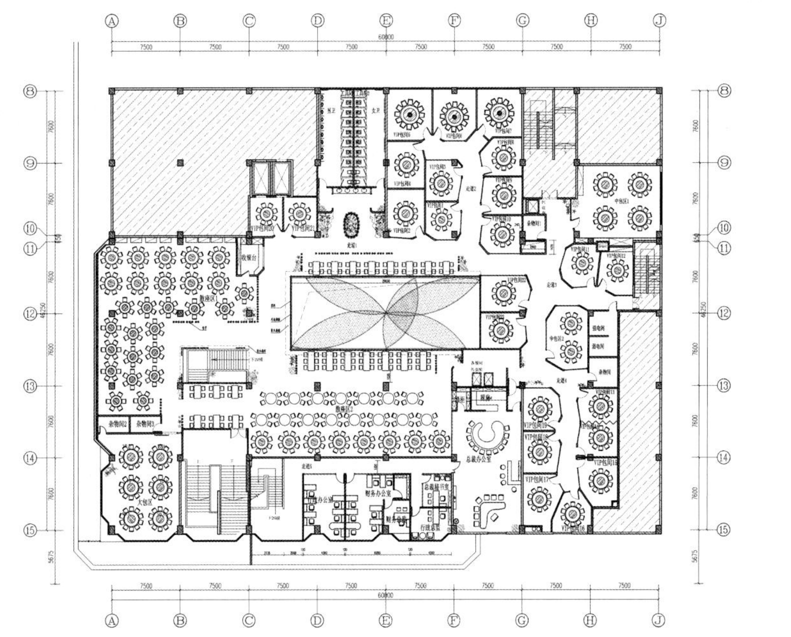

二层平面图

入口

门厅

门厅

入口

入口

大厅

走道

细节

中堂

小包间

阳光房

麒麟荟海鲜火锅酒家

一个曲径通幽、移步换景的诗意用餐空间

设计师：
莫成方
墨非空间（深圳）设计室 设计总监

项目简介

项目所在地：深圳市
项目总面积：850平方米
项目总造价：300万元
项目完成日期：2017年8月
主要材料：地砖、铁艺、木料、现代家具等

设计说明

在本案中，整体设计的质感展现出刻意设计制作的自然场景，用人工仿制自然界植物样式搭配天然树桩、裸砖等元素，体现巧夺天工的设计心思，为顾客营造一个精致而曲径通幽、移步换景的诗意用餐空间氛围。匠心在于创造，细节成就美。

由于本项目位于街面转角处，为了体现门头的整体感，从底贯顶设计成两层楼高的圆柱桶状造型，以规则的金属网格覆盖整体，既内外通透又整体一致，使得整体造型不论远望还是近观，具备极强的视觉吸引力。门洞尺寸有意设计成小开门，营造内有乾坤的神秘感。

夜晚从幽暗的户外步入明亮的门户，室内户外形成强烈反差，十米通透的接待厅给人不闷气不逼仄、心胸敞亮的感觉，大气明朗；流线型手工条凳，木质墙体，匹配疏朗树桩造型，颇有传统庭院风范，而二楼楼梯转弯衔接处形成的灯光造型成了接待大厅的视觉焦点，整体温暖、自然，内设与建筑结构有机地融为一体。

楼梯的设计是大厅一大吸睛之作，一波三折、蜿蜒如龙的20米斜梯，打破了常规空间的界分感，一股向上的引力，令人有意欲登高、一探究竟的冲动。自然质朴的形式，生长的线条，有着灵动矫健的气质，简洁而富有创意的楼梯形状，打破人们对空间的想象，自然引流向上，规避了长时间走楼梯的无趣。

楼梯材料使用了灰白天然大理石，很好地中和了木质扶手和一侧木质墙面，天然材质的使用，给人亲切、温暖、自然的感觉，隐藏灯带、不锈钢防滑条随着楼梯的蜿蜒曲线盘桓而上，坡度平缓而舒适，伴着楼梯的内在节奏和韵律，向上探索纵深感。

整个楼梯造型按照斐波那契螺旋线顺势展开，利用二楼结合部，制作成锥形大厅灯饰，奇思妙想在此碰撞交织，缠绕成独一无二的楼梯灯饰。向上步行至二楼入口，巨大的墙体海鲜池如水族馆般映入眼帘，点明经营主体。

大厅放弃了惯常的餐饮店设计概念，原木、钢材经手工制作塑造出另类的似真非真的场景风格，其现代气息和深圳创新气质特点冶于一炉，运用现代设计先锋元素，打造不一样的饭局空间典范。整个空间以大面积灰暗色调墙体、地面，突出造型特异的半遮掩大厅包房，在神秘新奇氛围中，让客人由外而内地渐次进入状态。

迎面大厅的立柱，呈规则排列，错落有致，中段灯饰的加注，体现能工巧匠的智慧。同时，立柱的有序排列，起到影壁作用，使左右通道自然分野。

蒜头是食用海鲜最常见的辅料。为了给大厅客人营造“犹抱琵琶半遮面”的私密用餐效果，亦为了避免大厅环境无遮无挡，设计师取型于蒜头，化钢筋为绕指柔，制作出造型奇特带来视觉上又能给用餐者、若隐若现的私密效果的半合围用餐小天地，坚硬铁网栅的通透呈现出奇妙的曼纱效果。

蒜头状通透小包间匹配原木通高立柱，以及绿植的有机组合，给刚硬坚固的设施注入了活力。黄色暖光的调和，使得空间气韵生动而鲜活。材质软硬、直线曲线的对比，营造出游走在规则与不规则之间的美感。

蒜头状通透小包间空间，犹如蒙古包，曲线向上呈锥形，打破了常规平顶天花的压抑感，铁栅网格透出的若隐若现的景象给用餐者新奇的用餐氛围，同时，由于通透，火锅的气雾自然发散，避免了封闭环境食用火锅时的闷气，圆桌四方椅的规整，与不规则铁栅网格形成对立互补，营造出一份“吃着火锅唱着歌”的独特小空间。

铁栅网格的楞脊向上收拢，令人随着视线的漂移，时不时抬头往上观望，凸起的金属楞脊也会令人抚摸遐想其设计制作的巧思，简单的灯饰暖光，令繁复的外包铁栅网格显现出细节的褶皱肌理，打破了有形无形之间的分界。

沉稳的大面积灰色墙体调和黄棕褐系列色，使空间显得放松随意而有品位。在这里质朴与优雅交融，摒弃累赘，返璞归真，以人际交往为中心，突出社交功能。装饰画的点缀，在追求明丽与沉稳对比的同时，给静物注入一丝灵动，映射物物间的对立统一，整体和谐而舒展。

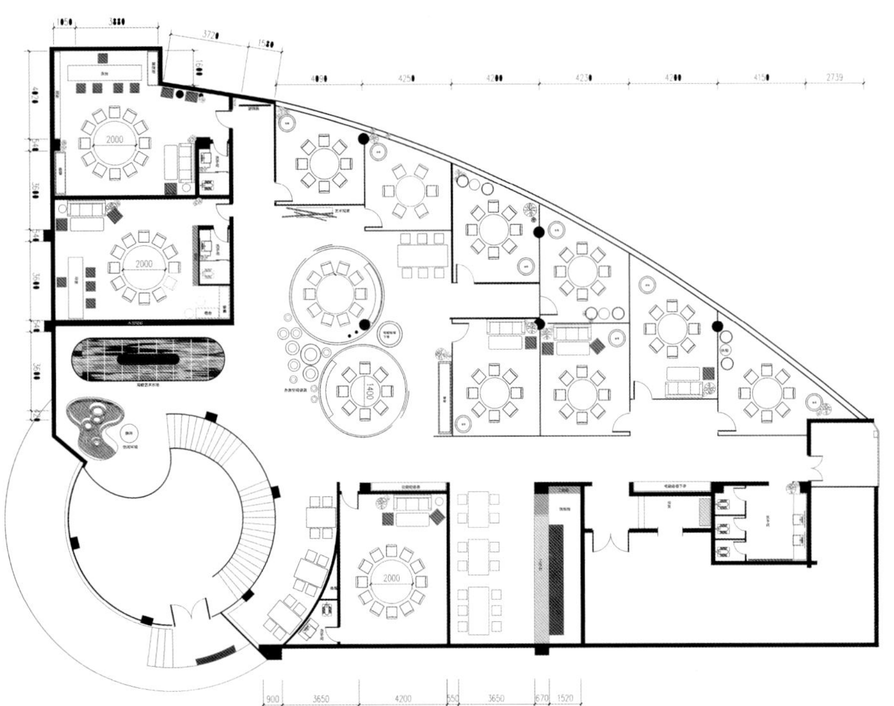

平面图

门头造型

一楼接待厅

楼梯外形

楼梯结构

楼梯平台海鲜池

大厅

大厅立柱

大厅

大厅结构

大厅通透包间

大厅包间顶部结构

室内包房

青柠记忆

青柠、绿叶、原木、金属、水泥，清新与现代的激情碰撞

主创设计师：
张更彪
深化设计师：
李炳均
成都塔拾建筑装饰设计有限公司

项目简介

项目所在地：成都市

项目总面积：460平方米

项目总造价：120万元

项目完成时间：2017年3月

主要材料：费罗娜水泥砖、Tabu木饰面、金镶玉石材、麻绳、多乐士乳胶漆、玻璃、西顿照明

设计说明

本案为青柠花园连锁餐饮的第一家高端旗舰店，团队将青柠与绿叶作为设计元素，通过动静线与灯光布局的交错，来提升空间的合理性和用餐的舒适性。

我们利用“青叶”的元素，将青叶的形状与色彩，加以变化、组合，变换出更为丰富的造型元素。

以原始“木”为基础材质，来诠释“青叶”的主题。一层层的叶轮，无规则地错落，形成节奏感，带来强有力的视觉冲击。

将现代的金属和水泥，与代表岁月的“木”相结合，既有现代的时尚感，又不失时间的沉淀。

以黑白绿三色为主调，既有现代的创新，又加入了时间气息的传统元素，两种文化碰撞出精彩的火花。

在灯光的设计上，我们刻意去强调“青叶”的元素和用餐的舒适度，把灯光集中于主题和餐桌上，弱化走道和其他次要部分，从而营造一个视觉差异，把视觉重点放在主题和餐桌的美食之上。

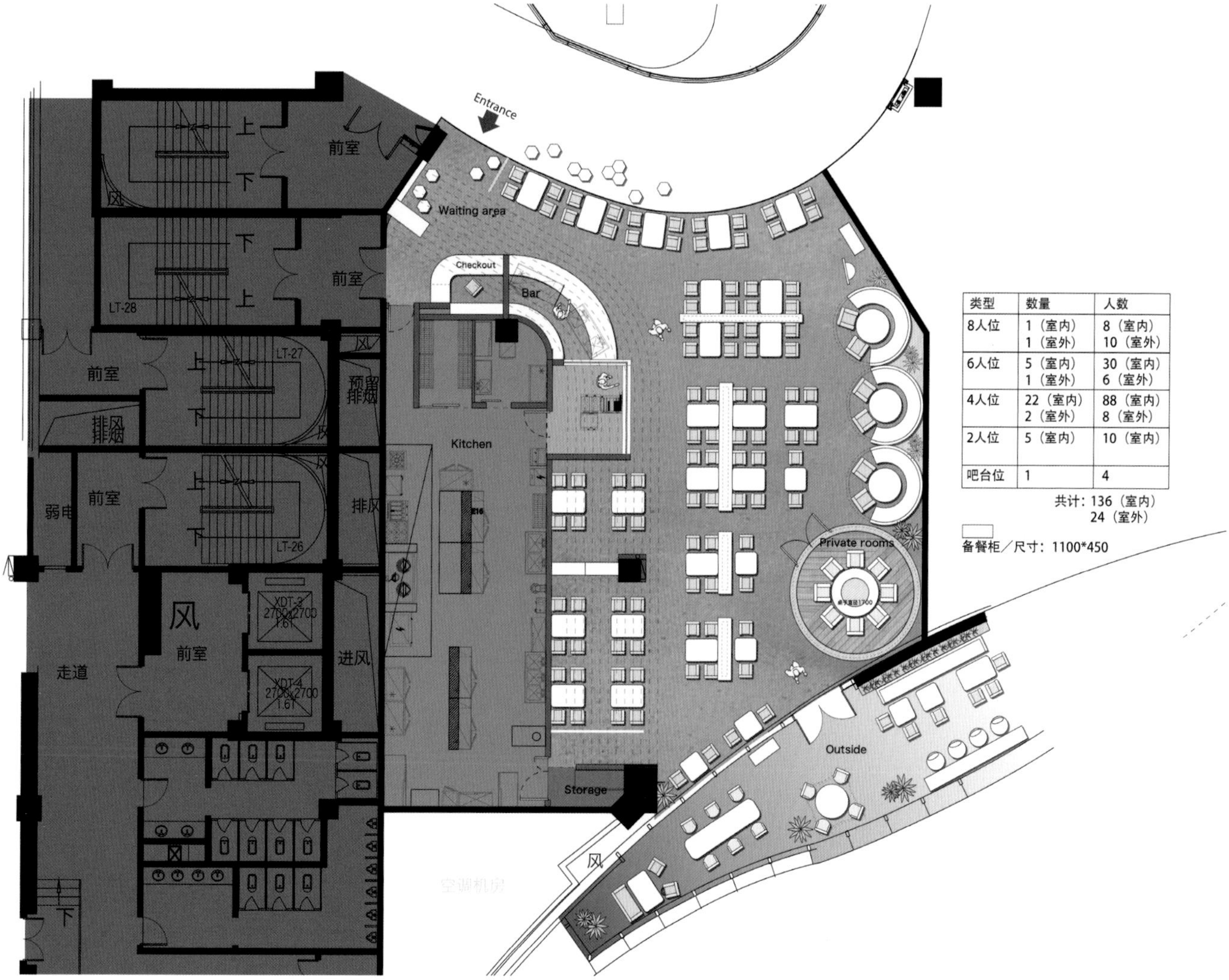

类型	数量	人数
8人位	1（室内） 1（室外）	8（室内） 10（室外）
6人位	5（室内） 1（室外）	30（室内） 6（室外）
4人位	22（室内） 2（室外）	88（室内） 8（室外）
2人位	5（室内）	10（室内）
吧台位	1	4

共计：136（室内）
24（室外）

备餐柜／尺寸：1100*450

平面图

吧台

吧台、就餐区

大厅就餐区

就餐区

就餐区

就餐区

外部就餐区

座位细节

包间

细节

大妙火锅

一方庭院，增色红尘岁月，回归平淡生活

设计师：
王锟
深圳市艺鼎装饰设计有限公司 创始人兼设计总监

项目简介

项目所在地：深圳市
项目总面积：406平方米
项目完成时间：2017年12月
摄影师：江恒宇

设计说明

本案以新中式风格为主，在展现中式文化与艺术魅力的同时，以简练的线条、纯粹的色彩、不雕琢的质朴表达出中式的清雅端庄。

入口处醒目的红色辣椒组合图形，恰到好处地描绘了“一锅红艳，人生大妙”的品牌文化。走廊旁排列整齐的陶罐，与花艺装饰相结合，不仅有种返璞归真之美还充盈着自然与活力，在自然的气息中体会温馨和舒适。

在整个空间中，设计师采用了中式经典的色彩，以黑白灰为基调，桃木色的椅子和餐桌搭配体现了古香古色之美。此外，还采用门洞、雕花窗以及屏风等元素，来描绘中式庭院的原始质感。

区域空间的出入口采用门洞设计，深色的水泥质地，朴质沉稳，大刀阔斧地书写出空间的气派。在原本沉重的黑色大背景下，设计师在墙上巧妙地利用颜色鲜艳的装饰画和花艺作为装饰，为空间注入活力。背景墙上的木头挂饰与绿植在灰色水泥墙面的映衬下愈发显得优雅精巧，为空间带来别样柔情。包厢则使用雕花屏风隔

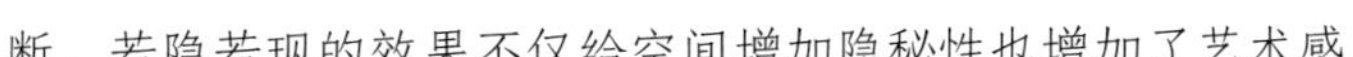

断，若隐若现的效果不仅给空间增加隐秘性也增加了艺术感。

一个个镂空窗棂在打破空间之余又平衡了空间界域，在线条笔墨的游走中，在虚实相生的流转中，赋予空间绵绵不尽的想象。巧妙之处在于，设计师在天花板上放置一根空心大木头，把水引流到大厅门洞的陶罐处。通过巧妙的艺术构设，创造出具有诗情画意的景观，一水一木均能产生出深远的意境。

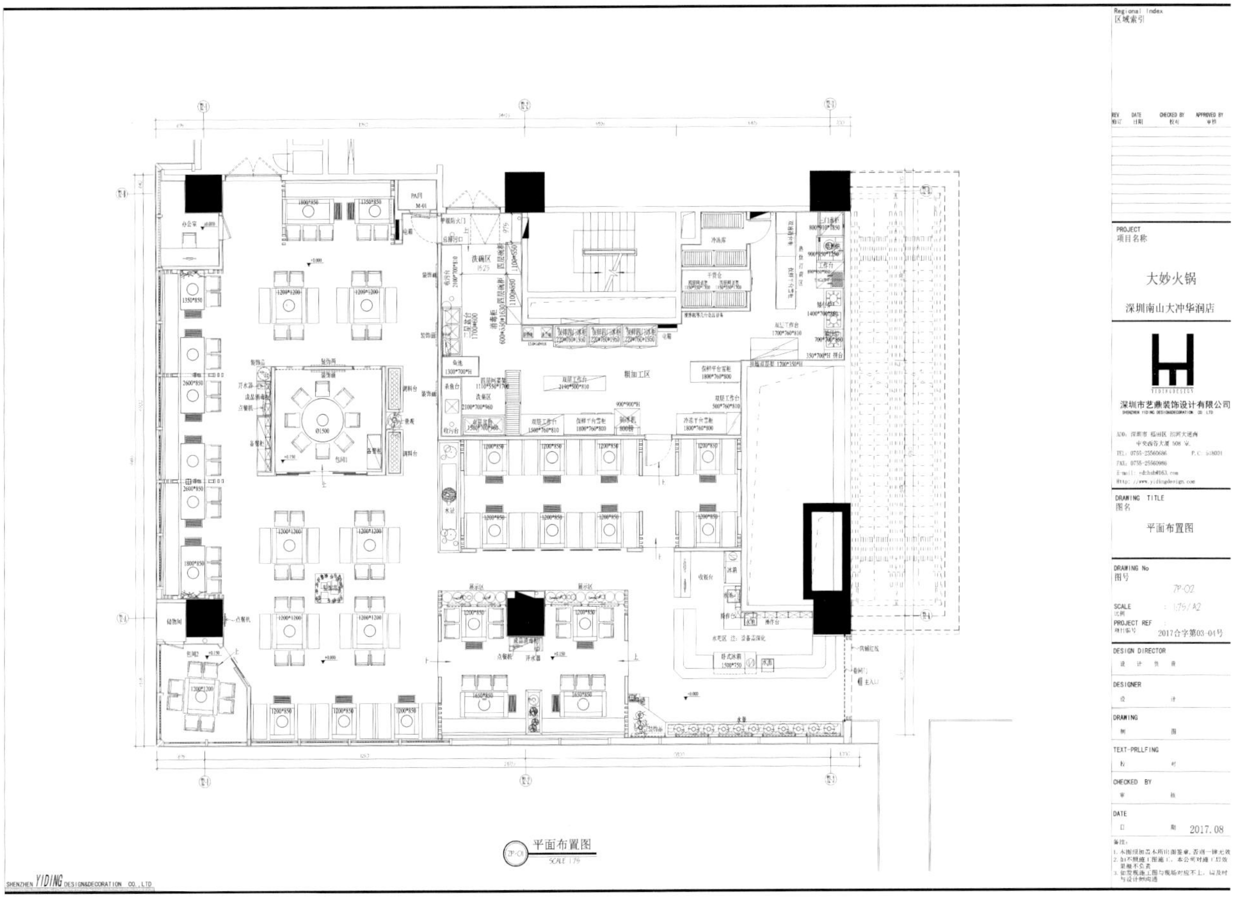

平面图

入口

过道

就餐区

就餐区

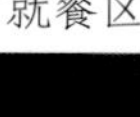

就餐区

就餐区

就餐区

就餐区

细节

细节

细节

林荫树火锅

树荫底下涮火锅，听取蝉声一片

设计师：
张京涛
大石代设计咨询有限公司 合伙人

项目简介

设计区域：室内设计
设计类型：火锅店
设计单位：大石代设计咨询有限公司

设计说明

树荫里
蝉声像暴雨
一阵比一阵紧
灌进我幸福的耳孔
醉在盛夏丝丝凉意里
树荫
也坐在我的头顶摇曳
偶尔一只鸟穿越树荫
蝉的雨声只停顿一下
树荫
一个神奇的存在
她承载了我们儿时几乎所有的美好
找一个树荫下坐坐

看翠绿的叶子层层叠叠把阳光分割得斑驳陆离，闻树叶散发出清香的味道

仰望天上游动的白云，空中飞翔的小鸟

一阵微风吹过

树叶发出沙沙的呢喃……

这里有，伴我们午后入睡的知了声；这里有，孩子们穿着开裆裤摔泥巴、跳皮筋、追逐嬉闹；这里有，爸爸们聚在一起喝茶聊天，谈古论今；这里有，妈妈们忙着针线活儿，不时招呼着孩子们；这里有，青年人在树荫下把酒临风，推杯换盏；这里有，情侣们在树荫下浪漫地拥抱，卿卿我我；这里有，垂钓者们在成荫的垂柳下等待上钩的鱼儿。

如今，高楼大厦越来越多，那一片树荫只存在了我们的心中。来这里，唤醒你记忆里的那一份美好。

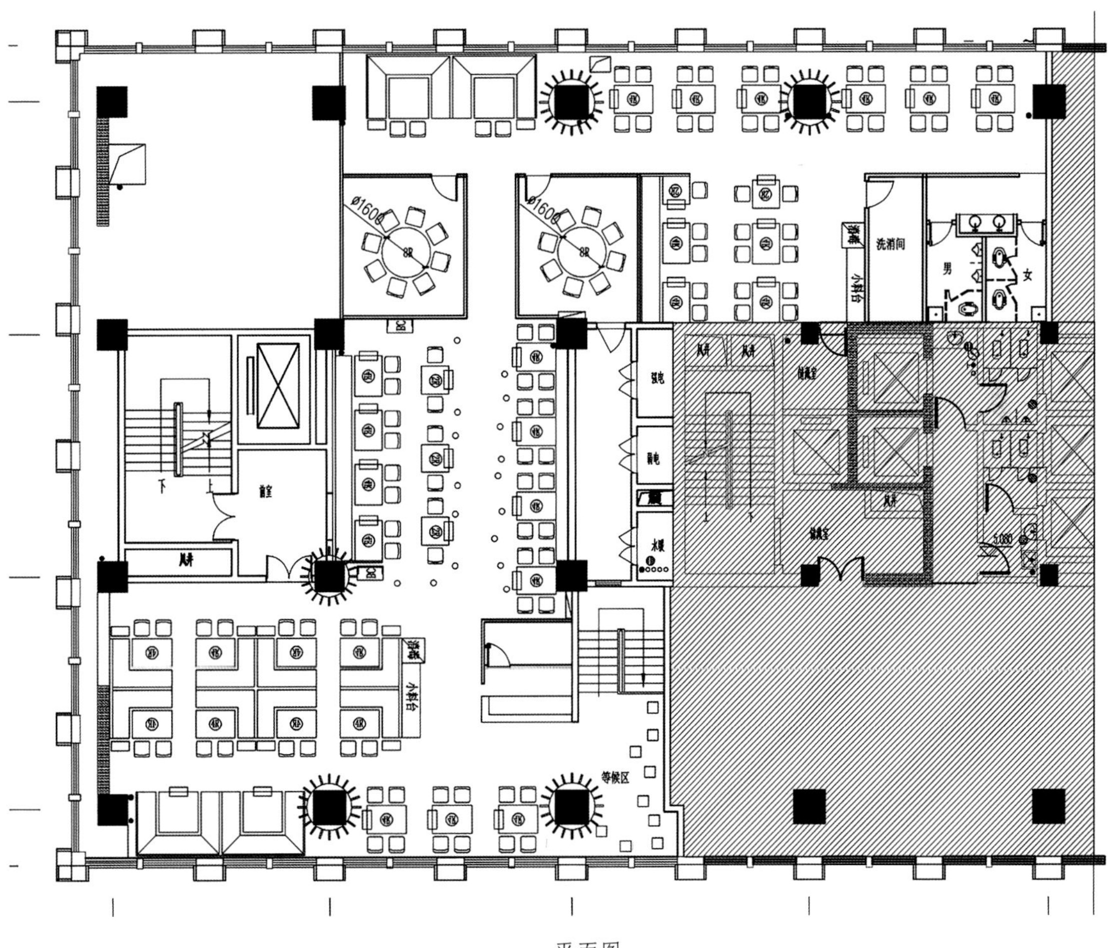

平面图

过道

就餐区

就餐区

就餐区

就餐区细节

就餐区

就餐区

就餐区

就餐区

就餐区

就餐区

就餐区

沐兰火锅

东情西韵，动中有静，虚实相应

主创设计师：
董帅
甘肃墨腾装饰设计工程有限公司 设计总监

项目简介

项目所在地：兰州市

设计关键词：东方美学、前卫时尚、市井文化、穿越时空、经典传承

设计说明

中式空间——虚实是中式设计重视的一个观念。在本案设计中依旧强调“虚实”，在转折过渡空间里运用“虚实”，比如做了小景观，用典型的中式元素如竹子、石磨、石狮子、石鼓、拴马桩、水车等进行气氛营造、空间装饰，也在局部使用了木栅格用来分割空间，使整个空间虚实结合、动中有静，有更大的弹性。

整个设计团队对传统文化有深入的认知之后，才将现代元素和传统元素结合在一起，以现代人的审美需求来打造富有传统韵味的空间，让传统得以传承下去。

本案设计无论是在外观，还是前台、造景、功能分区都尽可能做到细致入微。该餐厅的平面布置分为雅座区和散座区，这样可以更好地安排顾客和餐厅人流导向，散座区的餐桌合理布局可合理疏通人流量。前台布置在主要通道附近，周围又有不少辅助通道，空间布局体现了对客户的接待功能，也起到了引流的作用。利用声、形、色等技巧，充分展现整体设计意图，最大限度吸引客人来店或入店，辅以各种待客技巧，促成客人消费。

中式家具——在餐桌的选择上，既要体现中式风格的传统特色，也要符合设计环境和消费人群的特点，最后确定以方桌和板凳搭配作为餐桌的主要样式，符合了中式的稳重、端庄、大气，也符合了整个设计空间“接地气”的感觉。

中式景观——本设计中，将室外的天然景色引入室内，反映出来的，也是人们依恋自然、热爱自然，希望与自然和谐相处的真实情感。

中式氛围——高雅、恬静，并富于传统气息，是中式餐厅设计的宗旨。在设计中调用光、影以及配景、植物等表现手段来增强空间的温馨与浪漫，让客人在就餐时充分感受到美味所带来的生活享受。

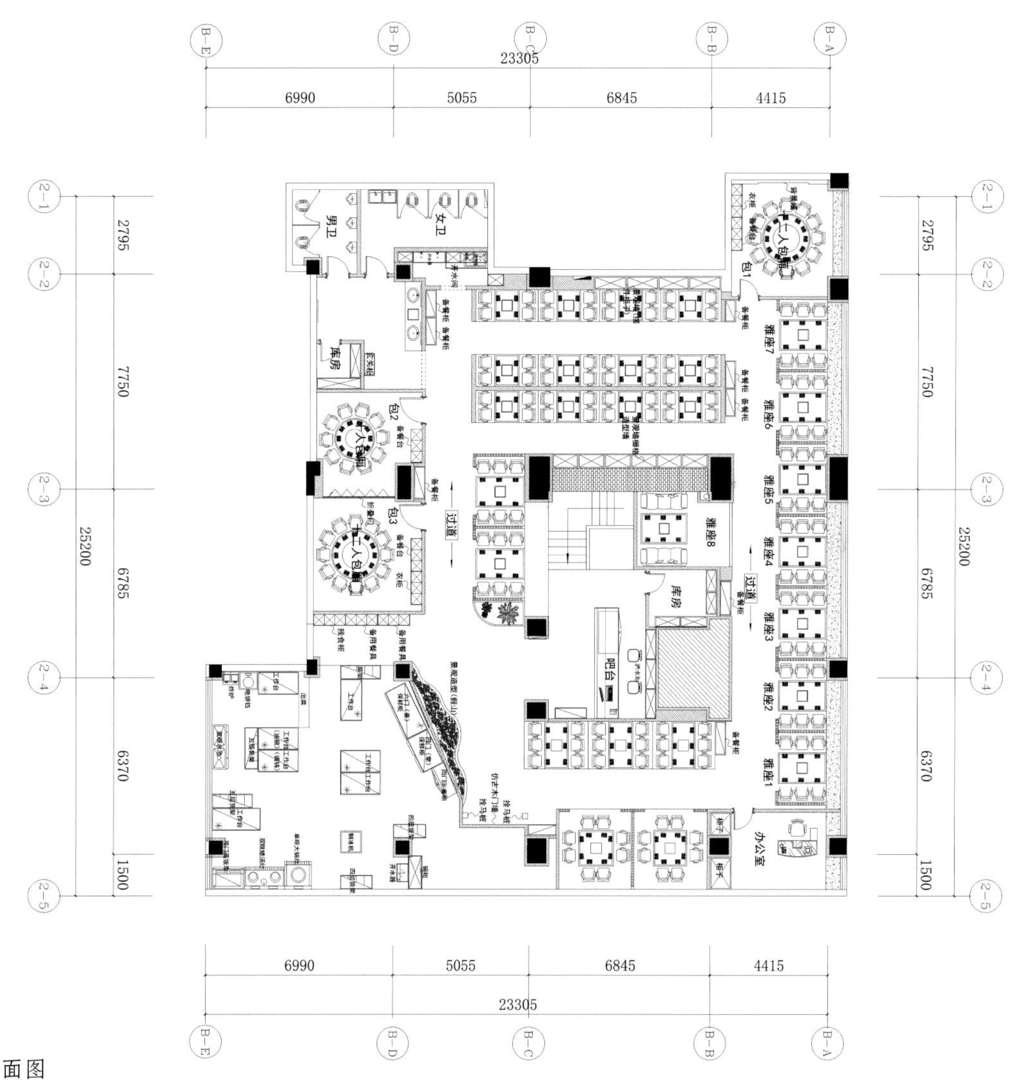

平面图

就餐区

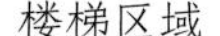

楼梯区域

就餐区

就餐区

门厅造景

拴马桩细节

雅座区域

雅座区域

玖福记·见面

来这里尝一碗人生的浓诗

主创设计师：
李臣伟
洪涛设计院 常务副院长兼北方设计院 院长

项目简介

设计区域：室内设计、软装设计
项目总面积：50平方米
项目总造价：9万元
主要材料：密度板、亚克力

设计说明

“玖福记”面馆，取“见面”一词既突出面馆理念，又希望呼吁现代人更多地在生活场景彼此“见面”，这里能让你认识到生活的本质。当你寻求一种平静与安宁时，请来这里尝一碗人生的“浓诗”。

设计中，营造出树洞的造型，增添了一份对自然真挚的热爱，告诉人们只有和谐安宁的氛围才能使我们的世界异彩纷呈。外面的人看里面，里面的人通过洞口看向外面，于是产生一种奇妙的感觉。

桌面从上垂下的亚克力，既可想象为桌布，也恰似面汤。当人们坐在椅子上吃饭时，外面路过的人看不见里面人的脚，却能看到他们半掩着的腿。座椅恰似秋千，营造出树洞里的小乐趣。在玖福记，明酸甜、悟苦辣、心无距、食不简，随意而谈江湖之风情，不忘初心，不辜负美食与挚爱之绝美。

平面规划
Plane planning

平面图

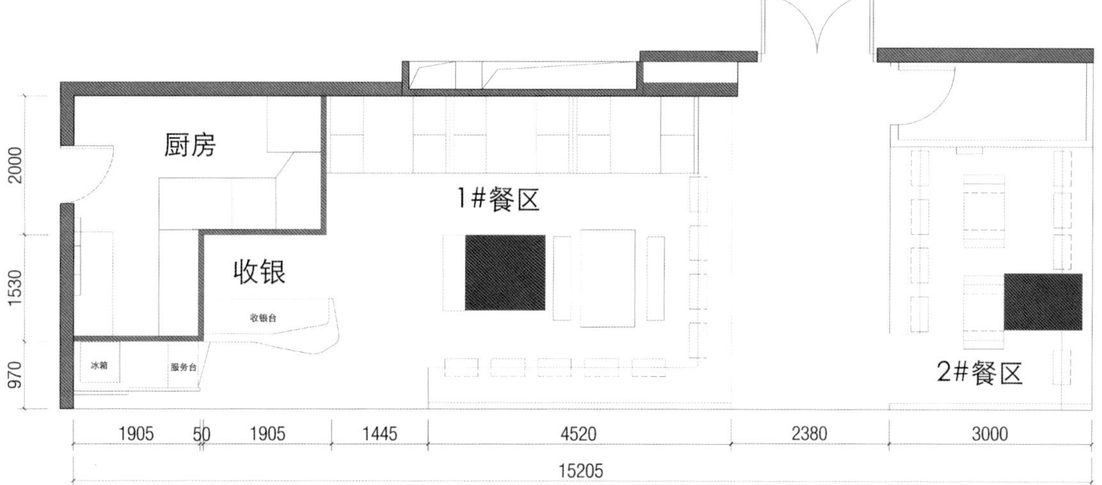

餐厅入口

门头

就餐区

前台

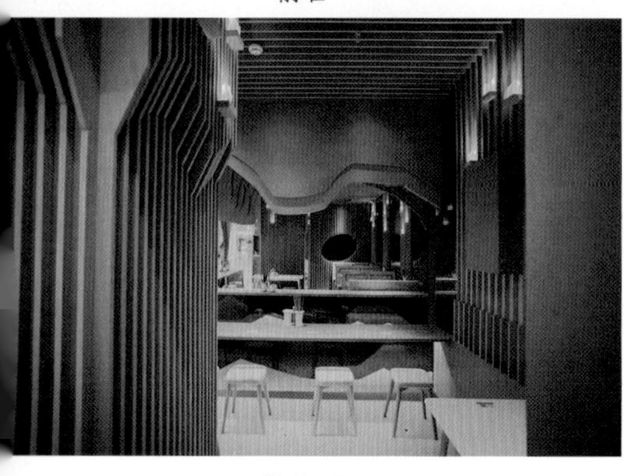
就餐区

就餐区

就餐区

树洞造型

就餐区细节

就餐区细节

树洞造型

一蘭传统牛肉面

一家不平凡的拉面小馆

主创设计师：

蒋国兴

叙品空间设计 董事长

项目简介

项目所在地：乌鲁木齐

项目总面积：500平方米

空间陈设：叙品陈设（品三品陈设配套）

主要材料：仿木地板砖、白色钢板、白桦树、灰色条砖

协助设计：叙品团队

设计说明

本案位于人车繁忙的繁华商圈，设计师打破以往的拉面店印象，打造出一家不平凡的拉面小馆，让味觉、视觉得到享受，恍惚间时间似乎已经倒流，在朴实低调中体现出自己的调调。

门头的设计尤为重要，设计师大面积采用铁锈板，白色发光字体及LOGO，凹凸的木块，造型简单大气，但是在细节上凸显设计感。光影交错，似时光无形手影抚过年轮，留下斑驳印记。

上到二楼，吧台采用灰色亮面砖，通过反射，起到了拉升空间的作用，吧台旁边用白色钢筋作为装饰，造型为拉面状，突出了本案主题。

往里走，是全开放式的就餐环境。散座一区，白桦树作为屏风，将就餐区和前厅区域分隔开，面对狭长形的原有建筑、工业风的原顶，用白色钢筋不规则的折线作为吊顶装饰，自然表露出内凹的曲面与出入动线的空间，创造出入口的延续与室内的流动，并利用折出的场域，贯穿整体空间的氛围，使机能随形，人处于其中随形而至。

散座二区具有稳定的古典色调，给人以扎实感，墙面采用夯土形式，看起来朴素平实，本身的肌理和粗糙感便是自然本色最好的体现。天然的色调，经典的拼接，随意而又不俗，就像我们关心世界，而又独立于世俗的精神。

散座三、四区，墙面造型整体采用灰色条砖，与散座一区选用材料一致，顶面造型由一区延伸过来，贯穿整体，右边的窗户选用白色钢板并镂空刻字，投进光束，让空间范围更加有层次感。

洗手间墙面采用白色亮面砖，简洁的洗手台造型，更显大气。绿植的点缀，起到了画龙点睛的作用。

卫生间墙面材质由洗手间延伸进来，隔断是白色木拼条，在色调上整体统一，显得格外明亮。

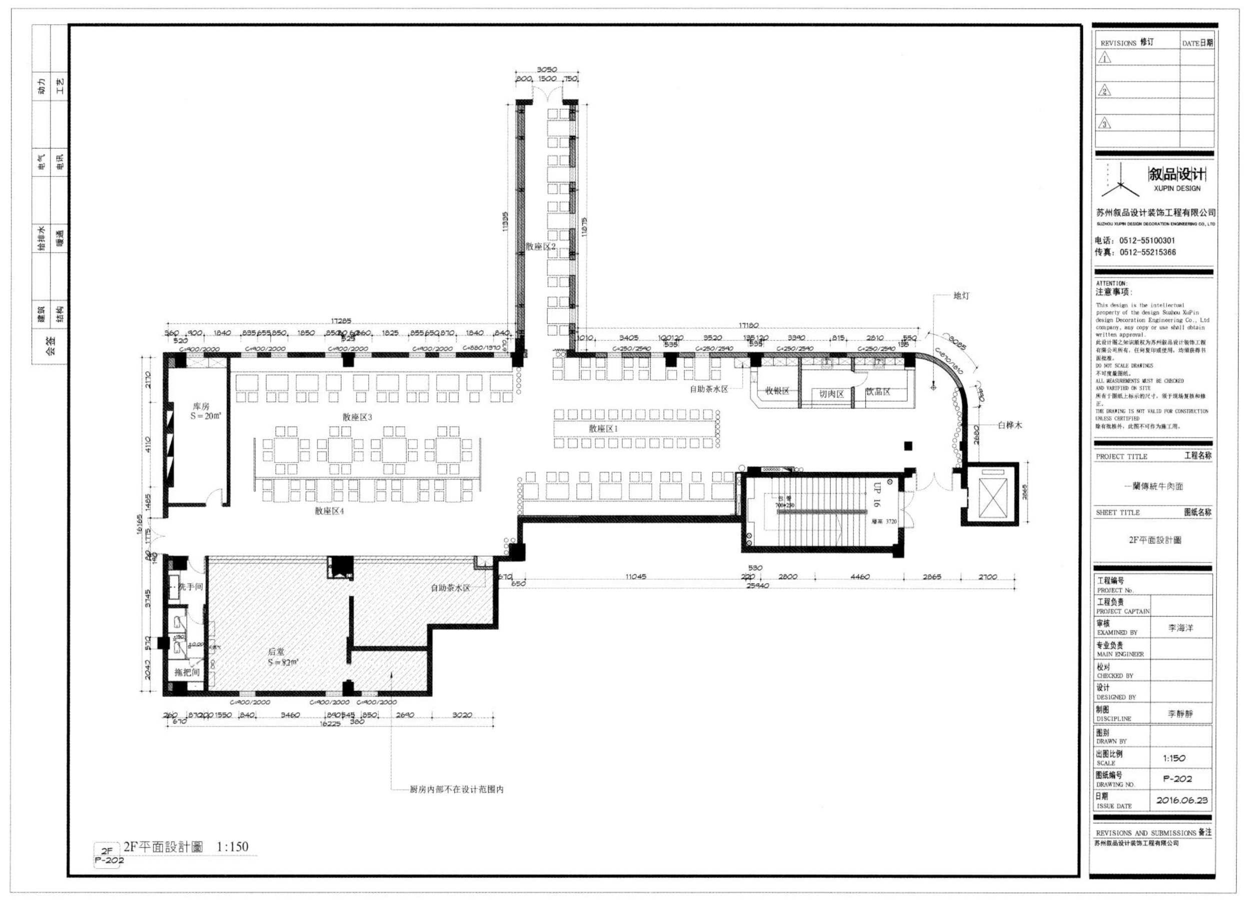

二楼平面图

过道

散座区

散座区

过道

细节

散座区

散座区

散座区

北华涮肉（西苑店）

围炉聚炊欢呼处，百味消融小釜中

设计师：
郭佳
北京国昌嘉盛装饰设计有限公司 设计总监

项目简介

项目所在地：北京市
项目总面积：320 平方米
项目总造价：120 万元
项目完成时间：2017 年 6 月
主要材料：黄金麻花岗岩、仿古地砖、硅藻泥、乳胶漆、木饰面、黑色磨砂不锈钢

设计说明

水墨中国与新餐饮空间的共生。

有着老北京涮肉风格的北华涮肉餐厅，掩映在一片安静公园中央，是在喧嚣城市中的一片心灵宁静之处。

在熙攘的现代社会中，餐饮翻台率越来越受重视，餐饮快时尚大行其道，食物，这种链接人们情感的东西正在被快餐文化侵蚀，一家人围坐餐桌享受的烛光对话已经被渐渐淡忘，人们忘记了生活本该有的优雅和从容。

北华涮肉为传统老北京火锅店，设计者将中式水墨画中的黑、白颜色融入整个空间，加入灯光渲染两种对立且极致的颜色，却又将二者如此融洽地融合在一起，黑与白、虚与实相互映衬，虚实相生，使情与意、意与境、物与我和谐地交融在一起，更是凸显空间的立体感和此次餐饮空间所要表达的意境。让我们重新探讨当下食与人的关系，以及对生活方式的态度。

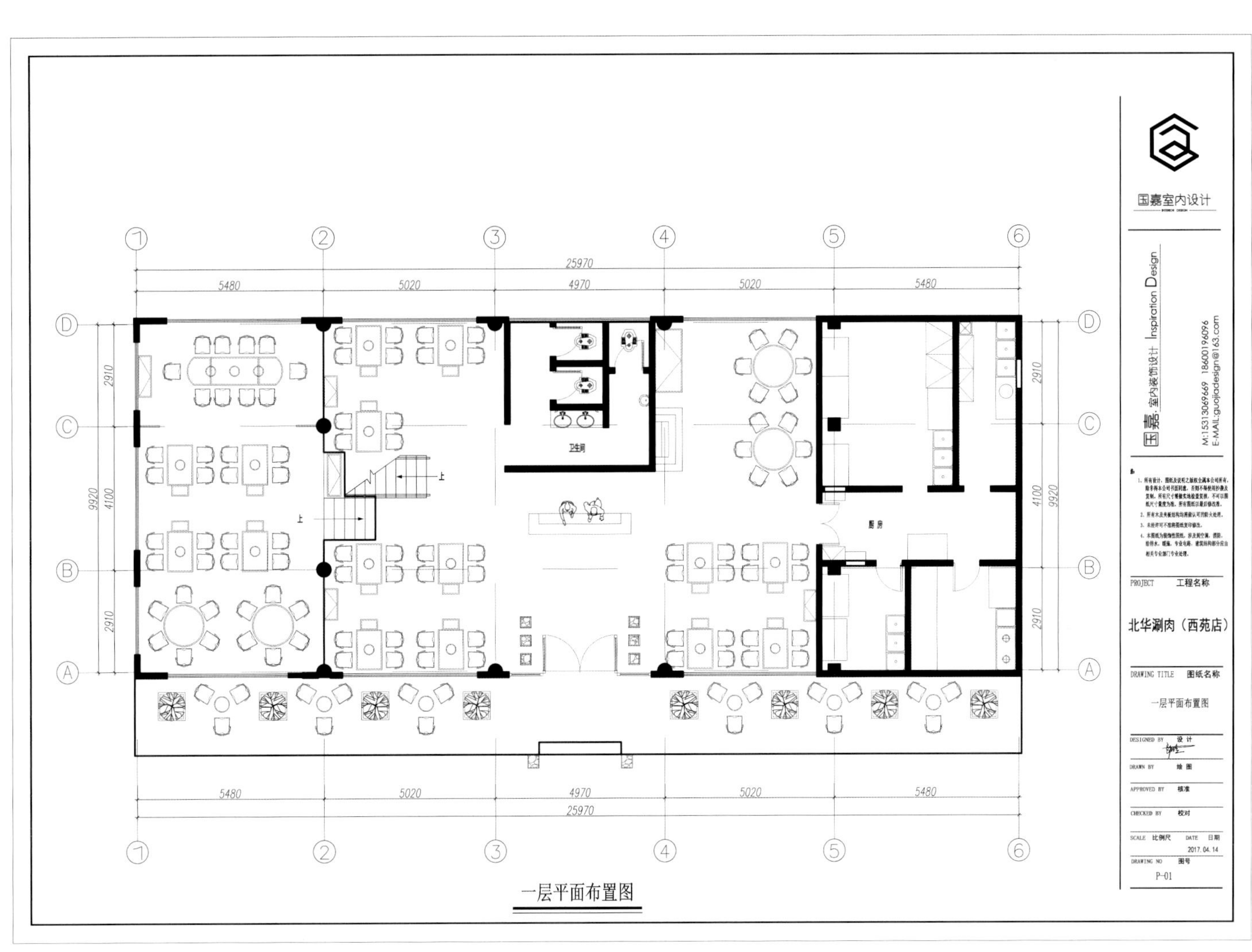
国嘉室内设计
国嘉·室内装饰设计 Inspiration Design
M:15313069669 18600196096
E-MAIL:guojiadesign@163.com
卫生间
厨房
PROJECT 工程名称
北华涮肉（西苑店）
DRAWING TITLE 图纸名称
一层平面布置图
DESIGNED BY 设计
DRAWN BY 绘图
APPROVED BY 核准
CHECKED BY 校对
SCALE 比例尺 DATE 日期
2017.04.14
DRAWING NO 图号
P-01
一层平面布置图

一层平面布置图

室内空间

室内空间

室内空间

室内空间

室内空间

室内空间

室内空间

室内空间

室内空间

室内空间

室内空间

室内空间

室内空间

外立面

外立面

室内空间

室内空间

室内空间

外立面

外立面

外立面

毕德寮餐厅

编织味蕾，寄情虾韵

设计机构：
广州在目装饰工程有限公司
设计师：
钟华杰、许声鹏、杨俊辉、危砚绎
在目设计事务所

项目简介

设计区域：全场室内设计（不含厨房）
项目所在地：广州市
项目总面积：1000平方米
项目总造价：300万元
项目完成时间：2017年6月
主要材料：藤编、实木、玫瑰金拉丝不锈钢、木纹铝格栅、大理石、肌理漆

设计说明

这是一家以虾饺定制为特色的新粤式轻奢美食餐厅。古语有云："美食不如美器。"从食器到空间，设计师都格外注重就餐感官体验。就餐空间就是最大的食物容器。以"虾饺的味道"为设计初衷，以空间造型对应"烹饪器具"，设计师尝试用最普通的藤编编织出独特的餐厅氛围。

入口采用大理石。原木和藤编围合出的座位区，造型灵感来就源于旧时捕虾的虾笼与点心蒸笼的艺术形象的结合，将藤编这种中式岭南元素通过现代简洁的设计语言进行重组和构建。远观，拥有简洁的线条，光影交错，若隐若现，形似蒸笼；近看，藤的肌理与纹样通过原始的质感，以创新的方式带来自然古朴的东方气息。

藤编与山水造型的结合，藤编结构打造的卡座区，让食客宛如坐在半开的蒸笼中就餐，静心品味粤式点心里肆意的慢时光，忘却身处工作压力与熙攘繁杂之中，仿佛游离山水之间，寄情虾韵。

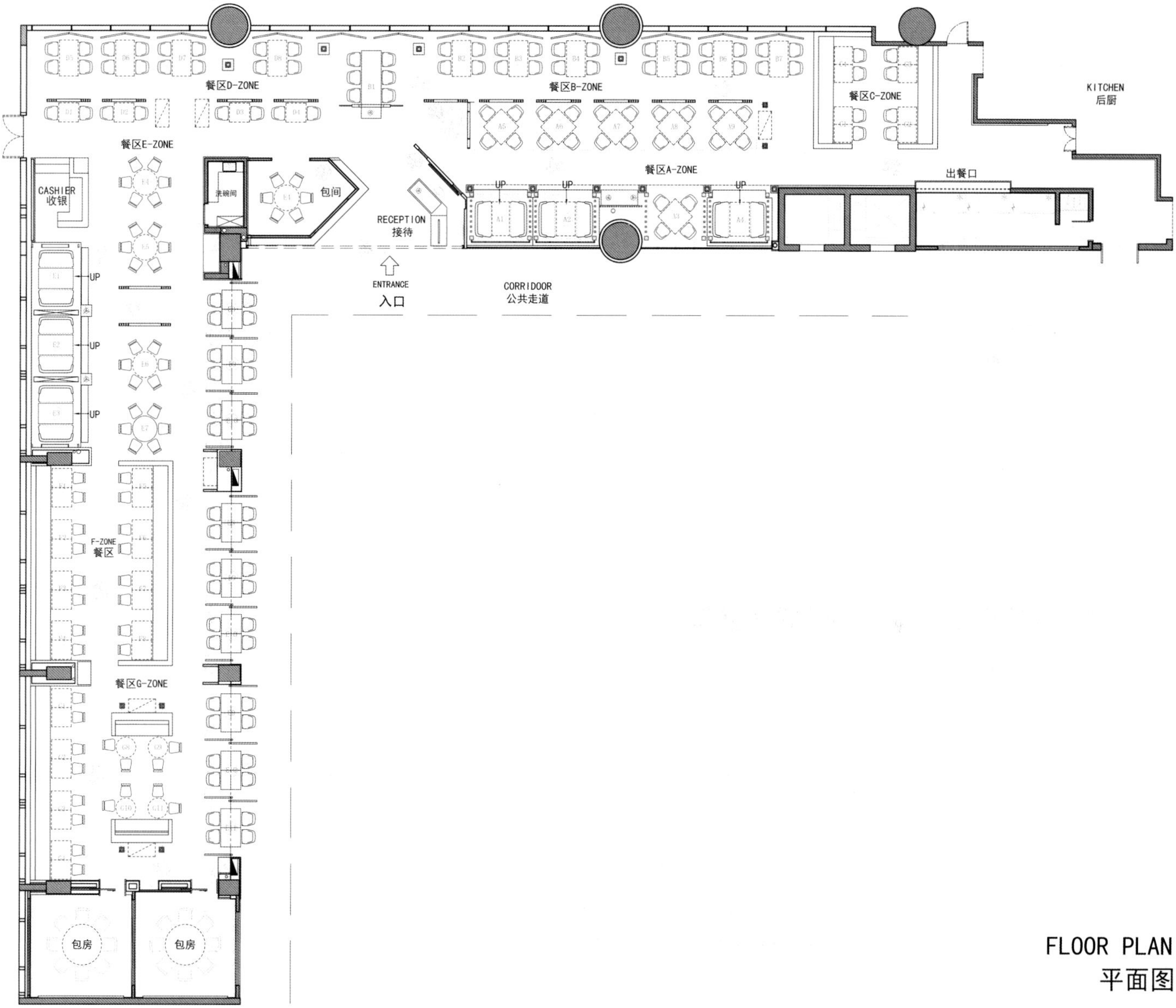
餐区D-ZONE
餐区B-ZONE
餐区C-ZONE
KITCHEN
后厨
餐区E-ZONE
餐区A-ZONE
出餐口
CASHIER
收银
包间
RECEPTION
接待
UP
UP
UP
ENTRANCE
入口
CORRIDOOR
公共走道
F-ZONE
餐区
餐区G-ZONE
包房
包房

FLOOR PLAN
平面图

平面图

入口区

座位区

入口走道

就餐区走道

入口包间

座位区

座位区

收银区

入口接待区

入口端景座

座位区

卡座

座位区

藤编隔断

入口包间局部

隔断经编纱局部

上水墙面局部

入口装饰局部

入口接待区软装局部

火石——烤天下品牌旗舰店

音乐、啤酒、烧烤，这是不一样的烟火

主创设计师：
刘万彬
成都布道空间室内设计有限责任公司 设计总监

项目简介

项目所在地：成都市
项目总面积：650平方米
项目总造价：230万元
项目完成时间：2017年1月
主要材料：乳胶漆、碳涂、腐蚀铁板、钢网、钢筋、美岩板、铝塑板、不锈钢

设计说明

京城特色餐饮大牌“烤天下”进行一次品牌守业寻根的大胆突破，果断摆脱掉“街头风格”，彻底结束“借鉴模仿”跟随潮流的发展模式，决计对自身品牌文化、视觉形象、空间性格进行全新尝试和创新。在此创作背景下进行系统的设计构思。

熟食是人类进化的重要突破。据考证，最初的人类熟食是烧烤，缘起于火山石或陨石之说。“烤天下”作为烧烤品牌，设计主题拟定以“火石”为品牌故事，并将品牌主题艺术化，再以艺术手法创作系列“火石”雕塑，散落于餐厅，强化品牌记忆，同时给予餐客以特别体验。

600平方米场地被划分为门厅、服务中心、演艺大厅、包间四大板块，前后衔接层次递进，采用起承转合的空间节奏，门厅为序曲，服务中心的甬道蓄势，演艺大厅为高潮，包间为余音回响。将“烤天下”独特的“音乐、啤酒、烧烤”娱乐餐饮氛围充分诠释！

照明设计分为三个层次：首先以功能性照明为主，即用餐照明系统；其次是演艺照明，即以音乐表演为主导的灯光系统；最后是以品牌特色的装饰照明——火石主题艺术雕塑为点缀，丰富就餐氛围和照明层次。

平面图

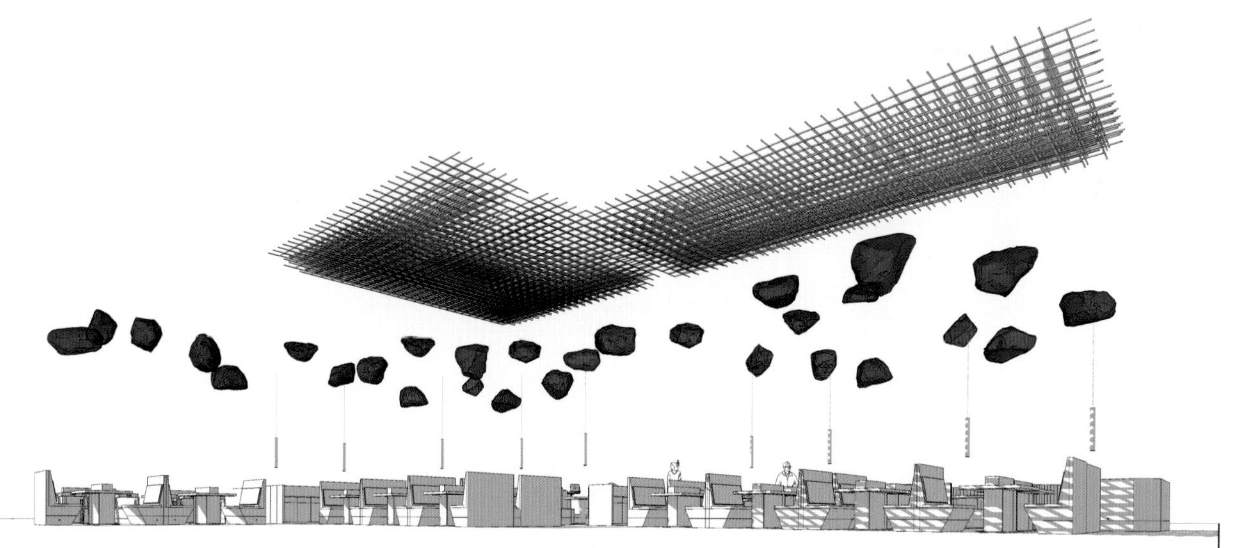

创意分析图

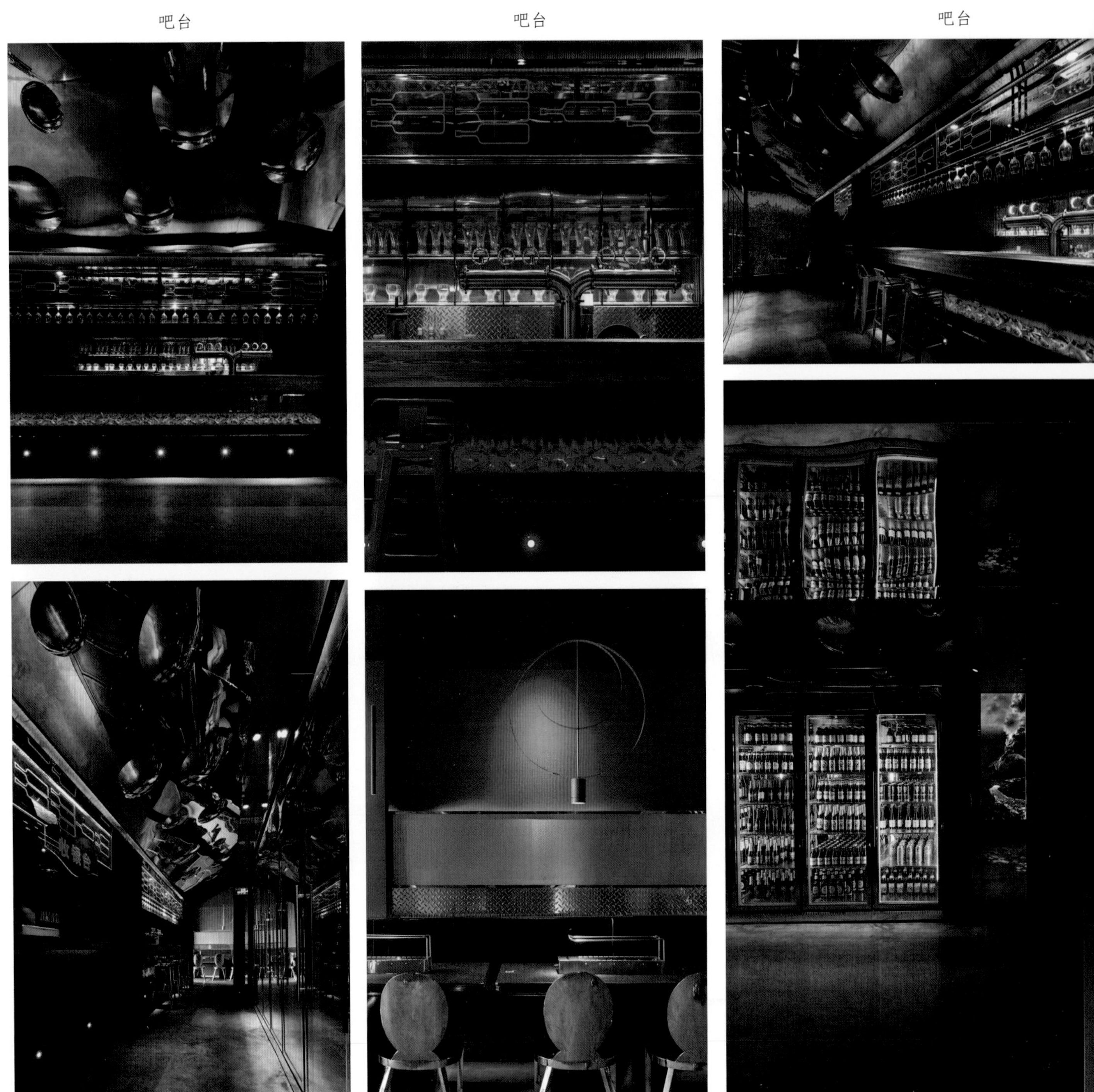

吧台　吧台　吧台

门厅　就餐区　酒柜

就餐区

就餐区

就餐区

细节

二月二烤鸭·春饼餐厅

二月二日新雨晴，草芽菜甲一时生——小清新的烤鸭店

设计师：
何兴泉
无锡市半元创意设计有限公司 创办人

项目简介

设计区域：就餐区、明档厨房
项目所在地：沈阳市
项目总面积：221平方米
项目总造价：150万元

设计说明

二月二烤鸭·春饼是沈阳一家餐饮集团的新连锁品牌，此次设计的为首店，作为母版的店面设计，首先需要介入的是产品的内容，包括整体的品牌策划、LOGO、辅助应用，再到菜单优化、产品精选以及服务的方式和体验的模式，而且要考虑到明档厨房、成品出餐速度，以及连锁复制的装修成本与速度！

提起烤鸭，印象中大多数要么是浓郁的京调感受，要么是北方特色的厚重的中式元素。作为一个快时尚餐厅，针对的主流人群的定位，设计方与业主达成了一个共识，我们必须要改变那样传统的感受，让吃烤鸭成为一种很轻松的美食享受，并且这种过程是精致的，包括菜品、摆盘、灯光、烤鸭吃的顺序及方法都是精致的。二月二这个名字则非常贴切地表达了最初想要的那种小清新。

“二月二日新雨晴，草芽菜甲一时生。”消费者会体会到如这句诗的感受——入口处有包裹感，透过前区是另外一种明亮的空间，绿植的点缀、白扇、吊篮、鱼群、浅枫木色家具，虽然没有特别刺激眼球的中心点，但用餐中感觉特别温馨舒适，这本身和当下餐厅设计中的后现代工业风——泛滥的水泥、墙绘、钢铁等形成了明显的区别！

平面家具布置图

HENG CHENG SHI JI
ER YUE ER
CHUN BING

Design should reflect the principle of commercial return, the requirements of a reasonable and scientific consideration of the layout and process of the plane, fully meet the requirements of the use. Interior decoration design requirements should be combined with the advantages of the current restaurant in Xinjiang, and highlight the new feelings.

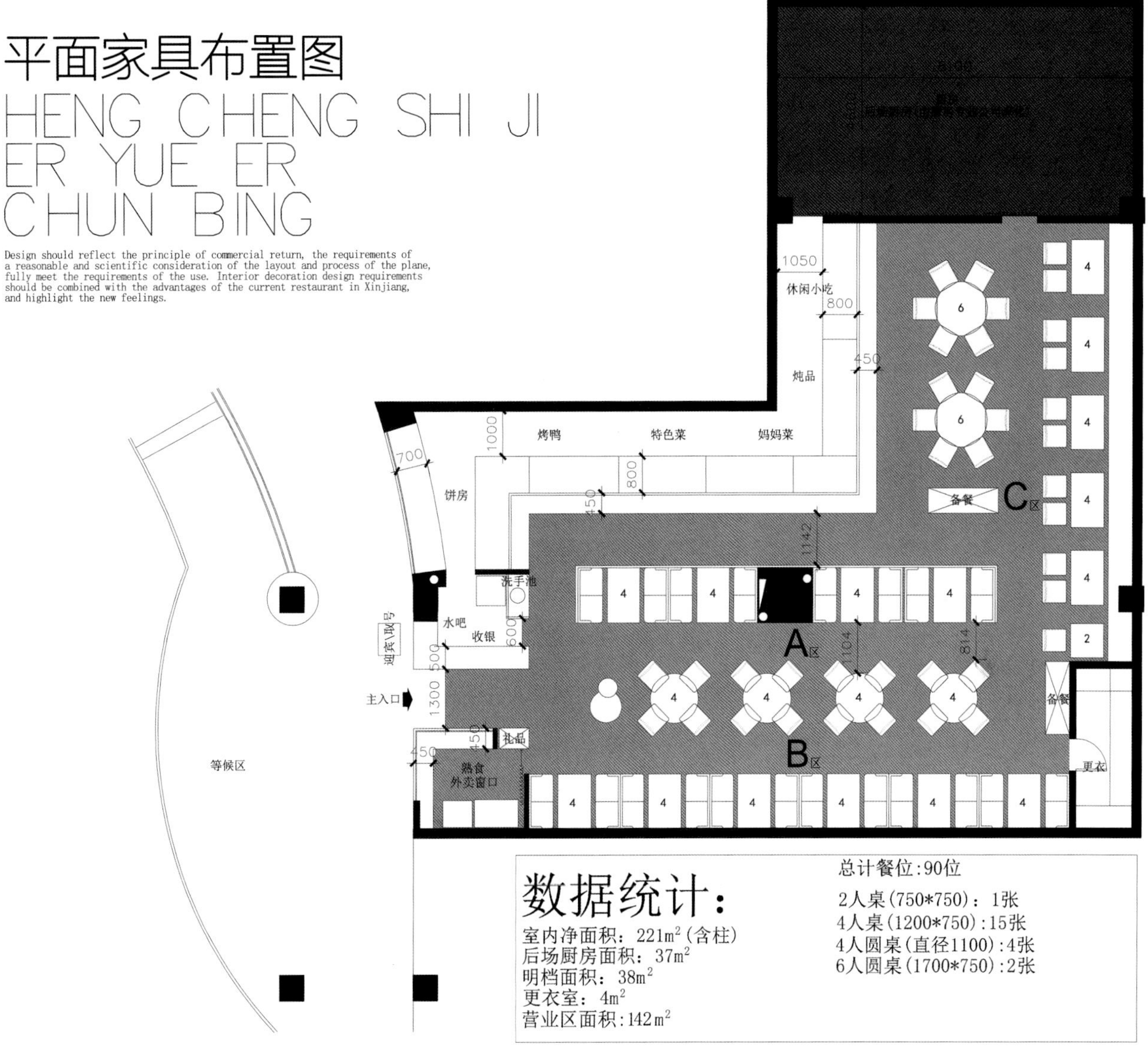

平面图

餐厅外观

服务台

服务台

窗口特

就餐区

就餐区

就餐区

就餐区

就餐区

就餐区

就餐区

细节

餐厅一角

细节

塔哈尔新疆餐厅

新疆风情，片片绿洲之上繁华城市的生活画卷

IDEAL艾迪尔
DESIGN&CONSTRUCTION

设计单位：
北京艾迪尔建筑装饰工程股份有限公司

项目简介

项目所在地：上海市
项目总面积：450平方米
设计单位：北京艾迪尔建筑装饰工程股份有限公司上海分公司

设计说明

塔哈尔新疆餐厅循着“丝绸之路”来到了上海虹桥——交通枢纽中转之地，设计师认为虹桥天街店是作为上海塔哈尔新疆盛宴对外的窗口，它会是热情独特的，并散发出上海的小资气质，这也是本案的设计出发点。

维吾尔族建筑空间开敞，形体错落，灵活多变，维吾尔族民居的颜色都比较艳丽，维吾尔族居民的庭院里，一户一角落，几乎每户人家门口都有几盆艳丽的植物。因此，设计师将餐厅入口的就餐区半开敞，模糊内外的分界线，映入眼帘的是一盆盆茂盛的植物，用清新的姿态迎接食客。

设计师希望通过现代的手法重现绿洲的城市、宁静的乡村。独具特色、形态各异的新疆少数民族风格餐厅，以其奇妙的造型、独特的装饰艺术，表现西域民族对天地自然的崇拜。

天花上硬朗的铁艺，拱形构造精致、层次丰富，热情独特的石榴红洒满了整个裸露的顶面，粗犷与细腻的交融。依靠在做旧红砖柱上的备餐柜也被专门设计过，铺上各色的餐具，为美味的新疆佳肴增添了一分精致。

设计师讲究空间感、讲究细节，用一些其实并不高级的材料来反映设计本身的价值。比如在斑驳的水泥墙面上，配上有镜面或彩色的物件，雕刻少数民族的图案，简单却不失韵味。

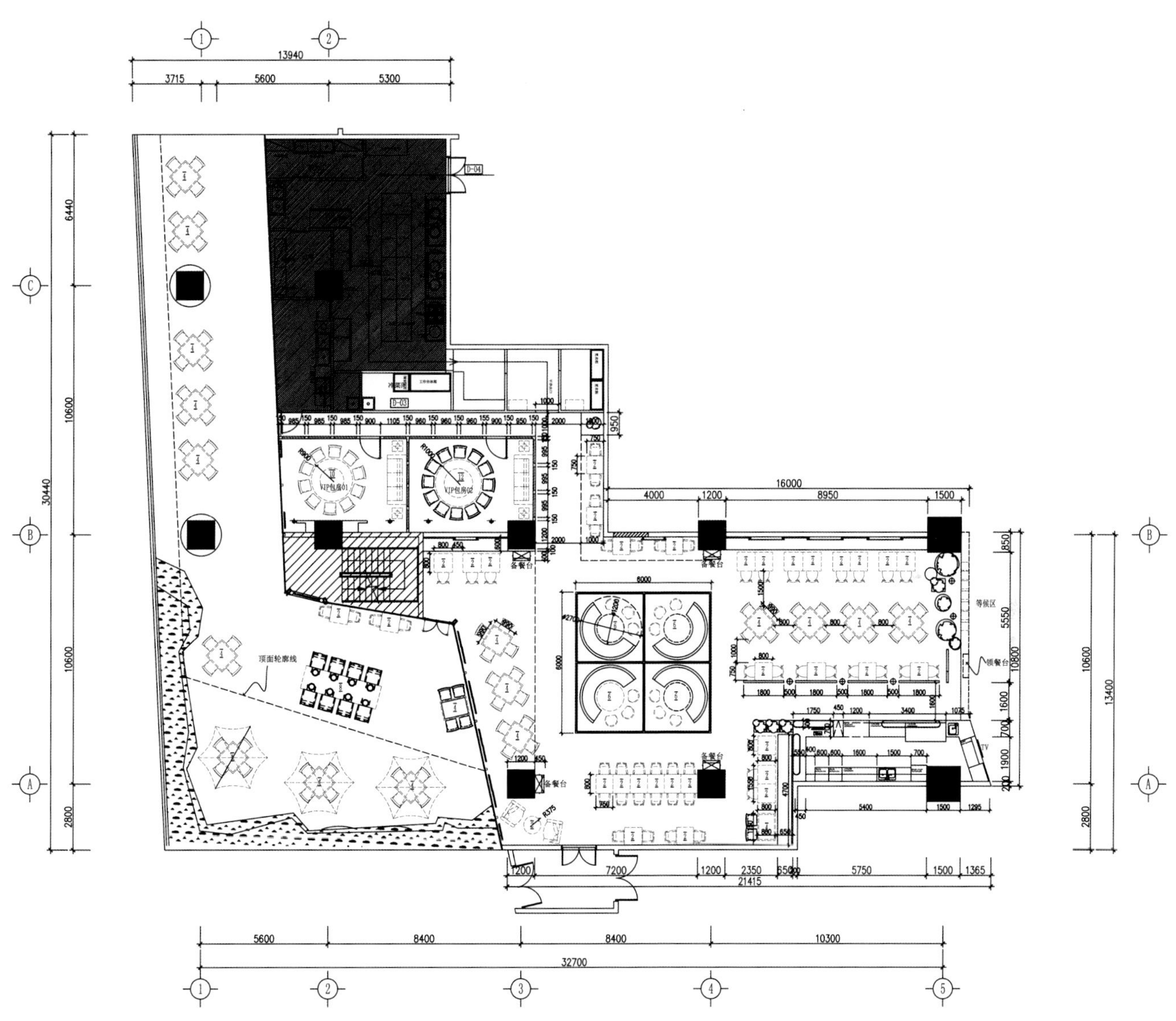

平面图

用餐区

用餐区

用餐区

用餐区

用餐区

用餐区

用餐区

包厢

用餐区

用餐区

天花

老磨坊羊汤馆

寻常巷陌中，品古朴味道

设计师：
袁铭
大石代设计咨询有限公司 合伙人

项目简介

设计区域：室内设计
设计风格：乡村民俗风
设计单位：大石代设计咨询有限公司

设计说明

本项目以本地乡村民俗风的设计取向，来搭配本地区极接地气的餐饮品类——羊肉馆（羊汤馆）。设计之初，设计师曾两次入当地山村实地考察，其房屋建筑均为就地取材，以开山取石为主，建筑细节也与其他地区略有不同，借此方向，希望将本案做成地域独有、极具乡村特色、符合“石打石·老磨坊羊汤馆”品牌创想的一家特色餐厅。

布局形式上，两店均为三进院落布局，第一进院均为明档展示、点菜区，第二三进为就餐区。

本项目整体还原旧时街道村落的场景，以当代的设计手法稍加修饰。

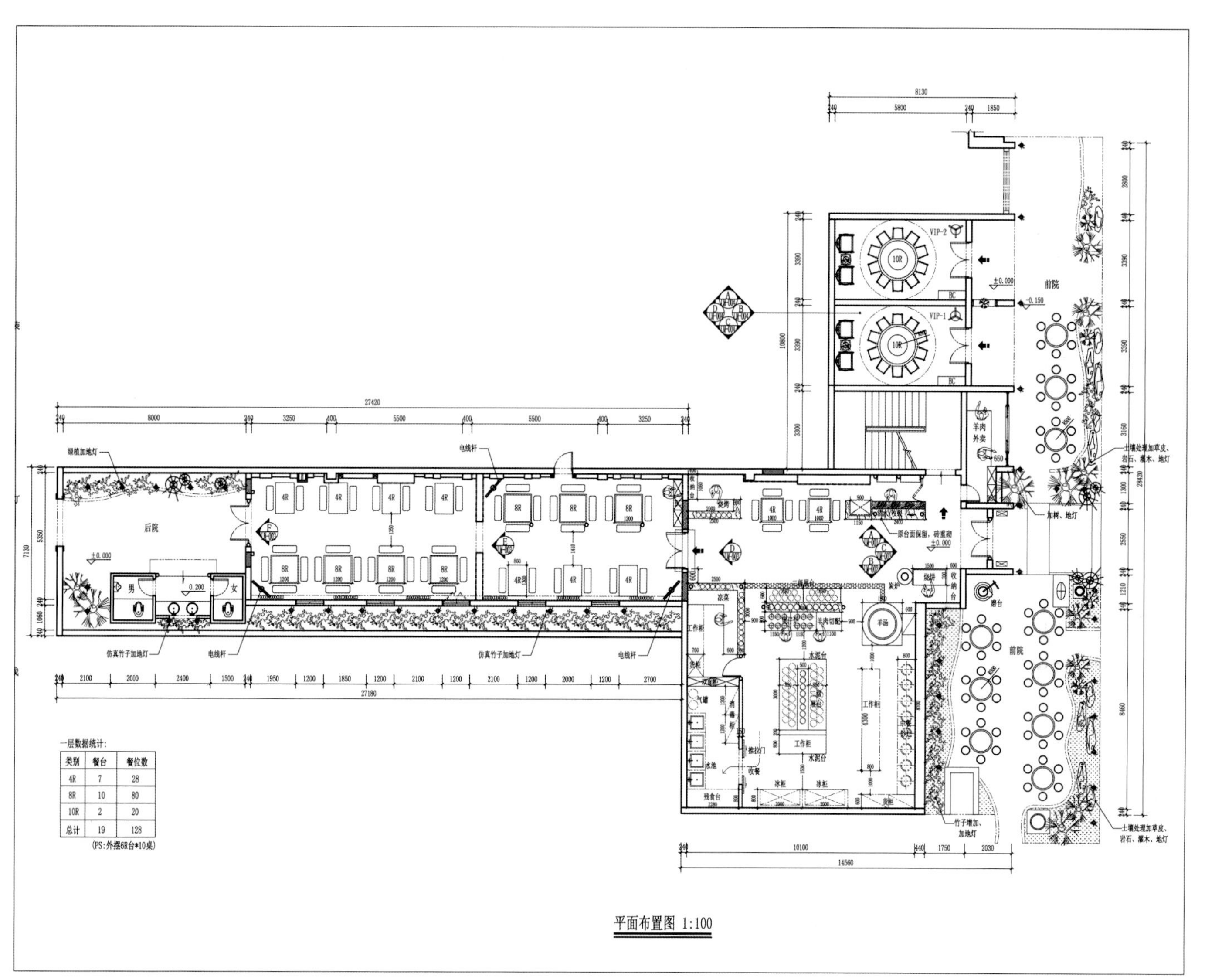

一层数据统计：

类别	餐台	餐位数
4R	7	28
8R	10	80
10R	2	20
总计	19	128

(PS:外摆6R台*10桌)

平面图

门头

就餐区

就餐区一角

就餐区细节

就餐区

就餐区细节

就餐区细节

就餐区细节

点餐区

餐厅细节

小放牛主题餐厅

一个符合现在审美潮流的乡土情怀空间

设计师：
高峰
北京成就辉煌室内设计顾问事务所 河北分所负责人

项目简介

设计单位：北京成就辉煌室内设计顾问事务所
设计师：高峰

设计说明

小放牛主题餐厅可细分到快时尚主题中餐厅品类，定位为河北省第一餐饮品牌。

本案以地域乡土文化为基调，融合现代的就餐形式和审美标准，做一个符合现在审美潮流的乡土情怀空间。

以聚落为基础形态，地形、自然景观、公共建筑、居民、特殊建造结构等聚落中不同形态元素提取穿插，构成环境布局。

选材多以当地方便且具特色的太行山石、旧椽木等材料，工艺方面也以铁空心管、篱笆等旧工艺的新利用为主。

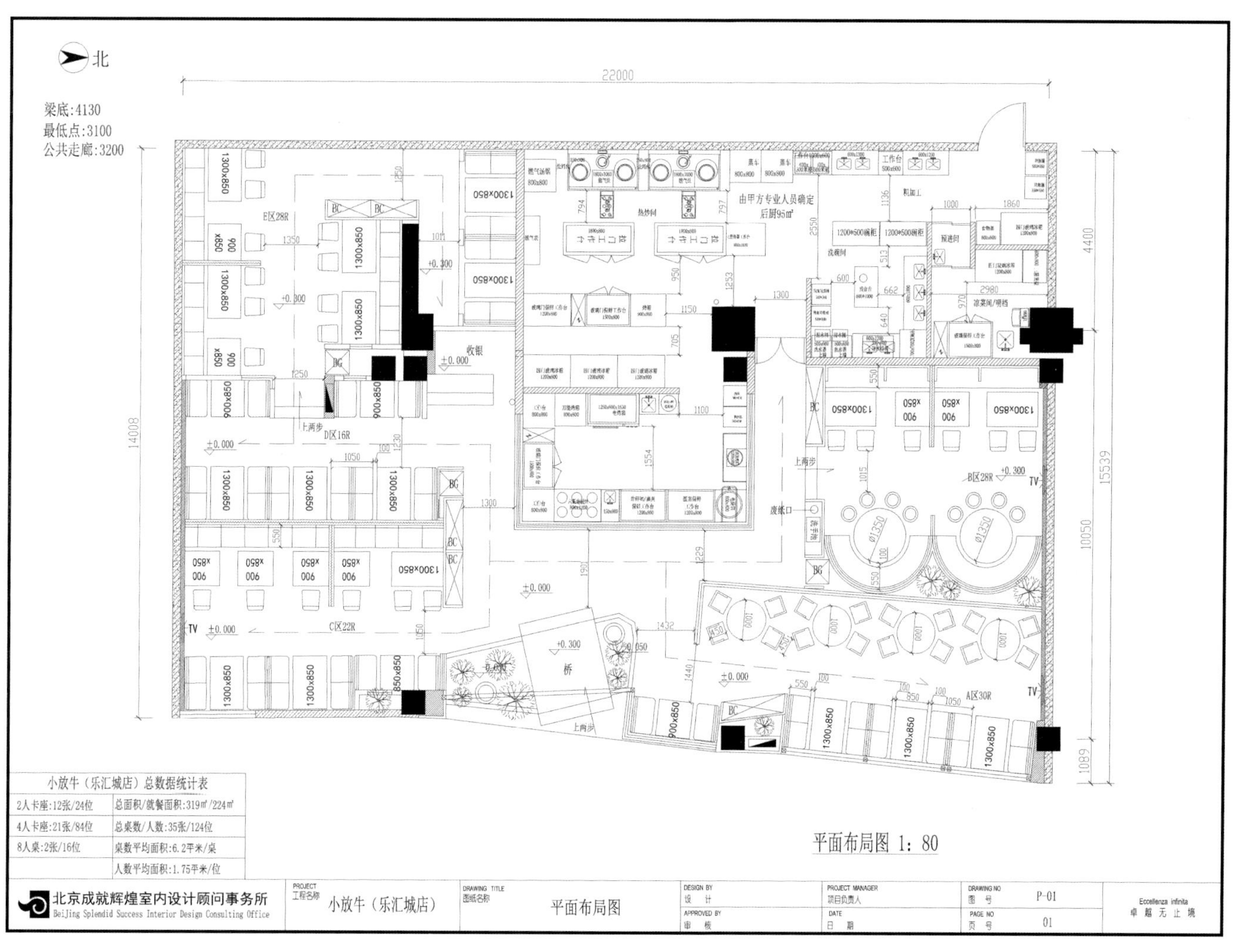

小放牛（乐汇城店）总数据统计表	
2人卡座:12张/24位	总面积/就餐面积:319㎡/224㎡
4人卡座:21张/84位	总桌数/人数:35张/124位
8人桌:2张/16位	桌数平均面积:6.2平米/桌
	人数平均面积:1.75平米/位

平面图

过道

就餐区

就餐区

过道

就餐区

隔断细节

就餐区细节

就餐区细节

细节

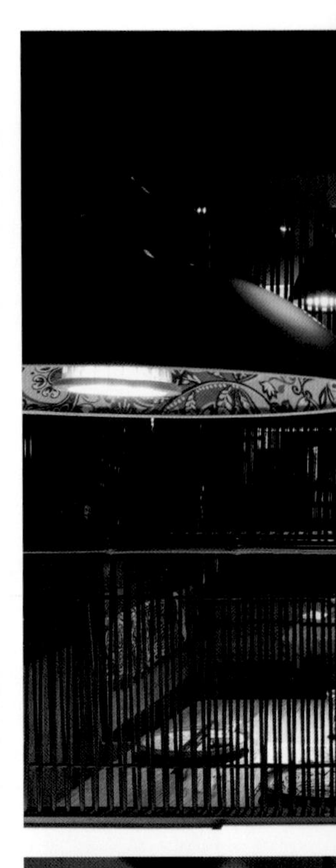

细节

细节

细节

细节

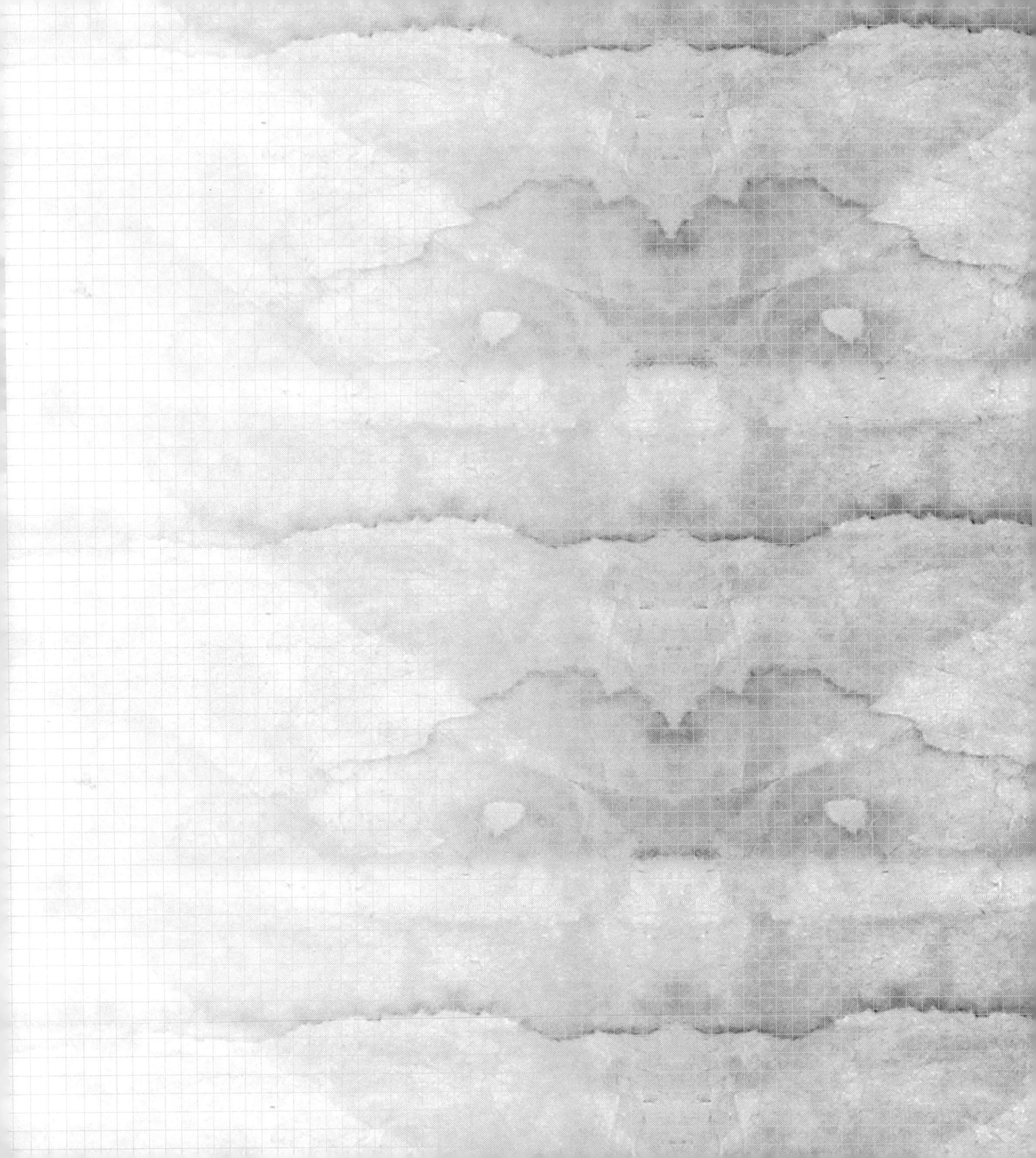

食尚风潮

—— 时尚餐厅＆快餐厅

西贝金融街餐厅

年度最佳餐饮模式奖作品

设计师：
胡朝晖
瑞迦尚景国际工程设计有限公司 创始人/设计总监

项目简介

设计区域：整体空间
项目所在地：北京市
项目总面积：300平方米

设计说明

中国最大的西北菜连锁企业——西贝餐饮，迄今已有24年的发展历程。集团连锁餐厅项目多数设立在城市繁华商业街区，自2011年以来，我们为该集团设计完成的连锁餐厅达到100家。秉承简洁淡雅的设计理念，结合环境因素，在有限的空间里，将厨房功能与空间设计巧妙融合，在用餐区增加开放式厨房，深度从视觉、嗅觉等方面吸引食客。

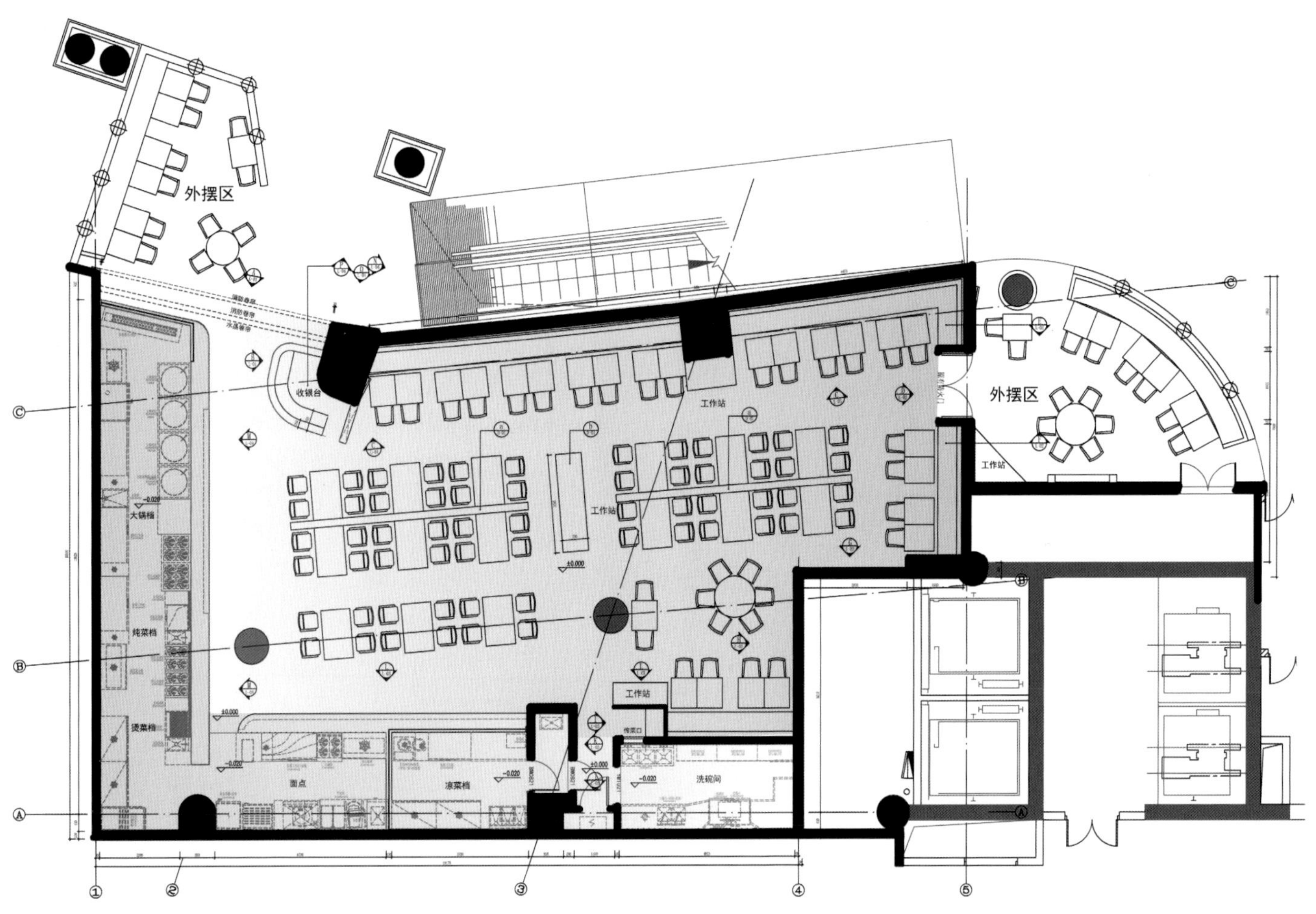

平面图

吧台

餐位实景

门面入口

餐位实景

沙发区

川城印象

这是一个餐饮老牌，这是一个全新品牌

设计师：
周军华
宁波陈品浩设计事务所 设计总监

项目简介

设计区域：室内设计
项目所在地：杭州市
项目总面积：260平方米
项目总造价：80万元
主要材料：艺术字母画

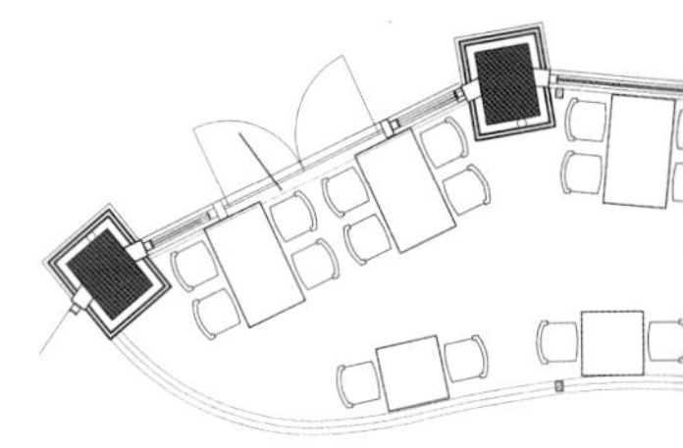

设计说明

过去十年中，商业环境的风云激变，餐饮市场的大浪淘沙，预示着新一轮的沉淀与升华，将成为时势所趋。川城，经历了其前身“老屋川菜”、“老屋印象”的两度稳健发展和十年积累蜕变，又一次全新出发。自2016年底首店登录杭州湖滨银泰城，而今以川菜连锁领导品牌的姿态逐步开进全国市场，并创造了令业界惊叹的业绩。

川城，是具象的，是抽象的，更是印象的。休闲之都，是我们对现代成都的印象。川辣的激爽与酣畅，让城市人的繁忙工作压力获得短暂释放，这正是川味生活与现代生活方式的有力连接点。川城空间设计摒弃繁复与堆砌，以黑白灰与原木色构筑时尚简约的空间大基调，并轻巧的融入了戏剧性的川元素，无处不让人感受到舒适惬意，并充满惊喜。

“花重锦官城”是我们对传统成都的印象。而这句著名诗词所表现出的女性化

色彩，则契合了川菜主力消费群的特征。装置性的艺术字母画及标识，将花、蜀锦等传统元素，运用新的材料与手法进行表现，呈现新的美学，并对空间氛围起到了有力补充与提升。

川城，亦是传承。全新的“川城”品牌形象塑造由形而上设计全程主持，基于新的市场背景和品牌定位，在文化创意层面，不同于“老屋川菜”的情感记忆，也不同于“老屋印象”的文艺思潮，而是回归品类文化的原产地，重审川菜文脉的传承与创新，打造川菜新经典，开启品牌新纪元。

在品牌符号层面，全新启用的品牌名“川城”，显然更适合领导者定位和新经典文化的表达；品牌LOGO采用现代书法字标，视觉冲击醒目有力，同样更符合川菜文化性格；广告语借助“川城”与“传承”的谐音，将品牌定位与品牌名称自然接合，构成具有专属性和独特性的表达。复句式的强调，亦更易于加深印象。

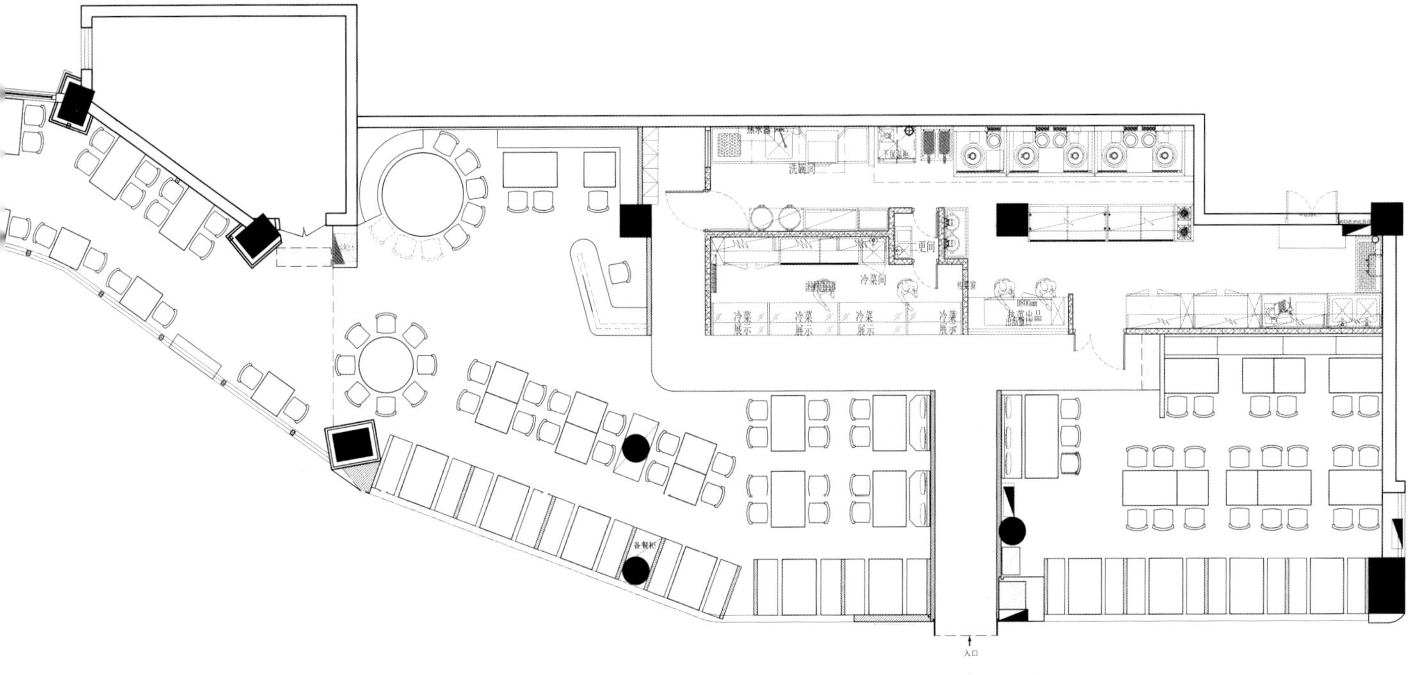

平面图

店名

店名

广告语

过道

就餐区

就餐区

就餐区

就餐区

卡座区

就餐区

门头

川味经典在传承
CHUAN CHENG
CHUAN CHENG

经典在川城
HUAN CHENG
CHUAN CHENG

门头

CHUAN CHENG

门头

蚁面艺术空间 ANT&ART

在艺术画廊里吃一碗面

设计师：
吴蓓蓓
（ELLE.WU）素派创意机构 高级合伙人/创意总监

项目简介

项目所在地：成都市

项目总面积：120平方米

项目完成时间：2017年11月

主要材料：木作、木纹砖、榻榻米、漫高照明

设计说明

一个厨艺精湛、独具匠心的面食老师傅，一个视野开阔、具有浓厚艺术气息的艺术青年，一对父子的联合，一场面与艺术的碰撞，一个艺术面馆的别致想法油然而生。那么，一碗充满艺术气息的面，一个面+艺术的空间，要怎么去实现呢？

商业设计品牌先行，设计蚁面空间时我们以ANT&ART作为设计主题。将ANT&ART进行笔画拆分与面条元素相结合，为品牌设计了专属的底纹图案；不拘于传统的VI统一应用形式，将品牌底纹图案拆分运用到各种应用（菜单、台卡、海报、店员服饰等）中，每个地方运用元素的形式不同但是品牌形象统一，既没有了传统VI运用形式的刻板，又契合了蚁面空间的艺术气质。

为了实现面馆+艺术的空间形式，实现不仅是面馆商业模式的延伸，更达到商业化和产业化的结合落地的要求。我们以艺术家的原创画作，开发出了一系列家居用品（衣服、配饰、收纳盒、文具等）以及材料衍生品（3D喷墨打印带桃花画作的卫生间瓷砖、带有仙鹤画作的幛子门等），使艺术家的创意和情怀在蚁面艺术空间的落地。

为了体现艺术画廊的气质，蚁面的整体空间运用了木元素。吊顶、墙面，每一处流线型木元素的运用在增强空间延伸感的同时，又处处体现着艺术面馆的气息；地面的地板采用竖向拼接的形式，既和整体空间相契合又给到了客户走向蚁面的心理暗示；大堂竖向长桌和超长吧台的落座形式，形成了艺术画廊的展陈通道动线，契合空间感的同时又弥补了整个空间窄而狭长的缺点；蚁面内部设有一个单独的包间，为了增强用户体验的趣味性，契合整体艺术空间的气质，我们采用了日式榻榻米的形式。由于包间本身狭小，加上三角异形的空间，我们突破了传统日式榻榻米空间低吊顶的设计形式，充分利用内部层高，辅以竖向线条，减少了本身狭小空间的局促感。

灯光是技术与艺术相结合的哲学，基于蚁面空间的艺术气质、空间大量木元素的运用，我们在选择灯光时选择了高显指的中性光，既还原了整个空间木饰面本身温润的视感，又将展陈画作的色彩更好的呈现出来。在墙面画作展陈区，我们采用的是画廊黑色轨道射灯，对画作以及展陈艺术品进行重点照明；在堂食长桌照明中，我们选用流线型长条吊灯，使之融入空间自身的吊顶造型中，同时运用山水意形的吊灯，增强空间的艺术氛围；而在包间中，我们则使用了手工编制的竹条吊灯，与榻榻米上下呼应，烘托出浓浓的艺术气息。

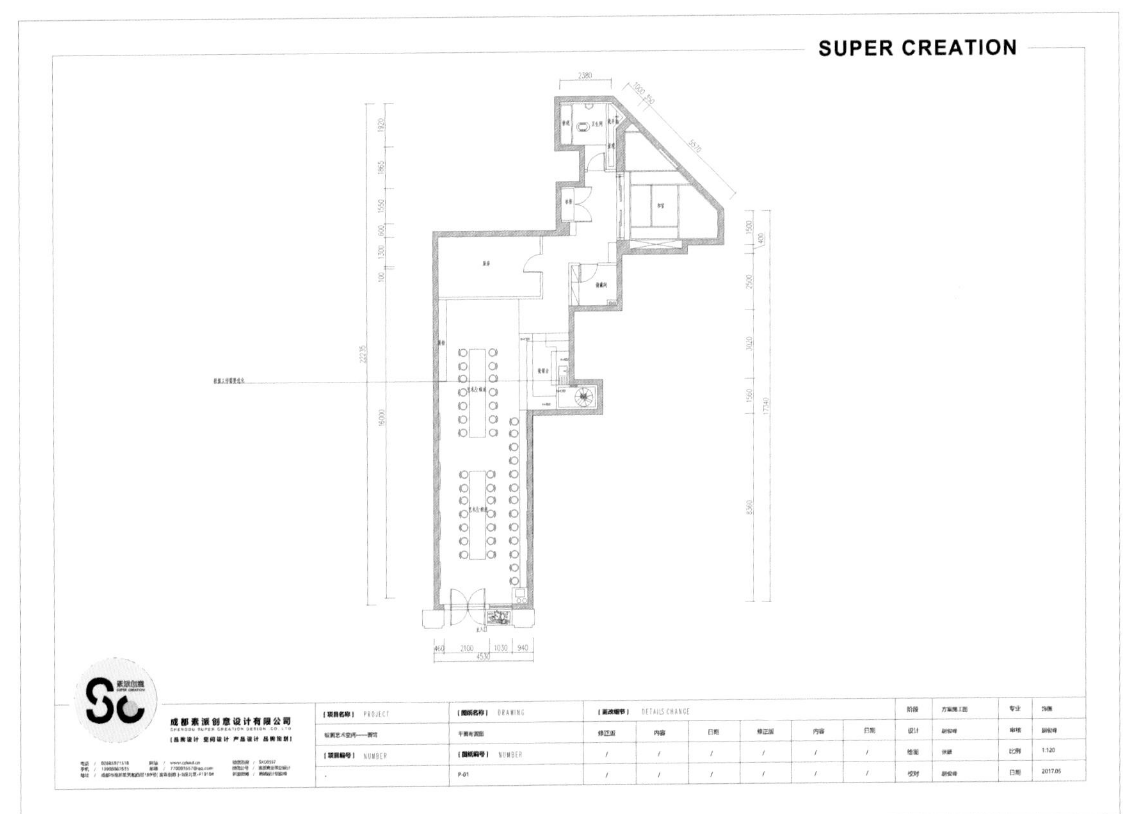

平面图

吧台就餐区

包间

服务台

包间

包间

品牌文化墙

衍生品展示区

长桌就餐区

长桌就餐区

外观

LOGO设计

菜单设计

餐饮系统设计

餐饮系统设

餐饮系统设计

服装设计

海报设计

筷子封套

形象设计

公路餐厅 Truck Stop Grill

66号公路与美式复古情怀

设计师：
袁天姣
上海京美装饰工程有限公司 设计总监

项目简介

设计区域：全店
项目所在地：上海市
项目总面积：330平方米
项目总造价：300万元
主要材料：金属网、不锈钢、聚丙乙烯材料玻璃钢、混凝土

设计说明

公路餐厅（Truck Stop Grill）是一个以美国66号公路为主题的全美资概念型餐厅。设计师试图打破人们对普通空间类型的传统定义，在工业的环境中注入温暖与沉静，展现美式现代工业造物不为人知的独特魅力。

卡车造型使用了Mack Truck，金属的厚重与红砖的温婉及水泥的素雅巧妙结合，既满足了客户的视觉需求，又通过增加管道结构制造出第三层空间，传达出了浓浓的美式复古情怀。

由于室内空间较为空旷，因此顶部由模块式的管道结构和网格状的吊顶，以精细的语言解读工业式的多层次空间。原本略显空荡的空间在通过钢丝网这种特殊材质吊顶的装饰后变得精致细腻许多。

卡车头的造型是设计师仅仅用一张图片做出来，这样富有冲击力的吧台设计不仅获得业主的称赞，更是给顾客留下了深刻的印象。卡车头造型的吧台也成了餐厅的标志，吸引着顾客进入餐厅用餐。

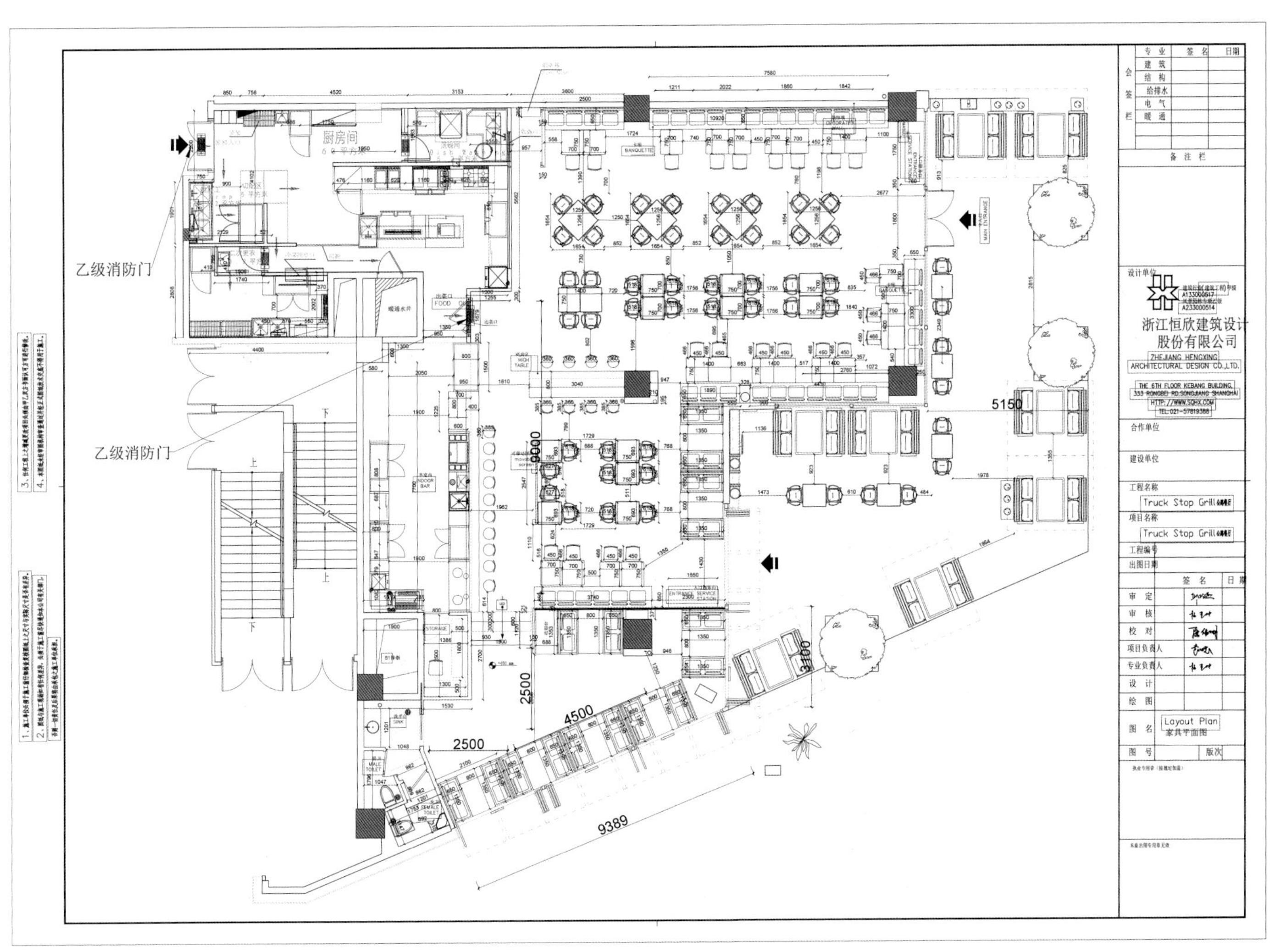
乙级消防门
乙级消防门
厨房间
5150
9000
2500
4500
2500
3100
9389
浙江恒欣建筑设计股份有限公司
ZHEJIANG HENGXING ARCHITECTURAL DESIGN CO.,LTD.
Truck Stop Grill
Layout Plan
家具平面图

平面图

吧台

吧台

吧台

餐厅内部

餐厅内部

餐厅内部

餐厅内部

餐厅内部

卡车头特写

门头

KEEP
CALM
LOVEA
TRUCK
DRIVER

TRUCK STOP GRILL
TRUCK STOP GRILL
FUE UP

TSG-1

洗手池

墙面装饰

爱辣屋

这种辣安静、极简、包容、开放，直抵内心

设计师：
郑斌
大石代设计咨询有限公司 合伙人

项目简介

设计区域：室内设计
设计师：郑斌、陈佳琪、樊宇
设计公司：大石代设计咨询有限公司

设计说明

你是否愿意与我静静地守候着心灵的安静，闲坐于此，聆听风与雨对话。雨后的偶歇，享受此刻的静意，你微微眯着双眼，静静思考，思考着人生与梦想的方向，寻找着一种能超脱的现实奔向梦想的能量，这正是爱辣屋的意义！

它为有梦想的人成立，它很包容，它很开放，你可以在此谈论商机，也可以诉说创业维艰，你更可以叙述爱情，也可以表达忧伤。

满足了对安静用餐的环境需求，整体色调素雅、稳重，用材统一和谐，设计师极力营造了一种极简氛围，用餐顾客无论在哪个角落都能感受到休闲放松。“爱辣屋·咕噜鱼”是以创业为驱动，把更多具有创业梦想的人聚集以此。

基于以上的背景，“爱辣工社”出品的“爱辣屋·咕噜鱼”项目出发点是：创业，为具有相同梦想的创业人而设计。

对于此空间设计主题、品牌理念、经营品类以及投入成本进行综合考虑，整体空间需要简约而不简单！所有立面找平后只是做了一层艺术水泥漆面效果，顶面简单处理规整，明档区域的空间限定是整个空间的重点处理之处，顶面与立面的木地

板装饰打破了统一的水泥艺术漆效果，让人眼前一亮。

在家具的选材上别具一格，餐区长8米多的餐桌是用整棵原木树干分成4段拼接而成，非常震撼。

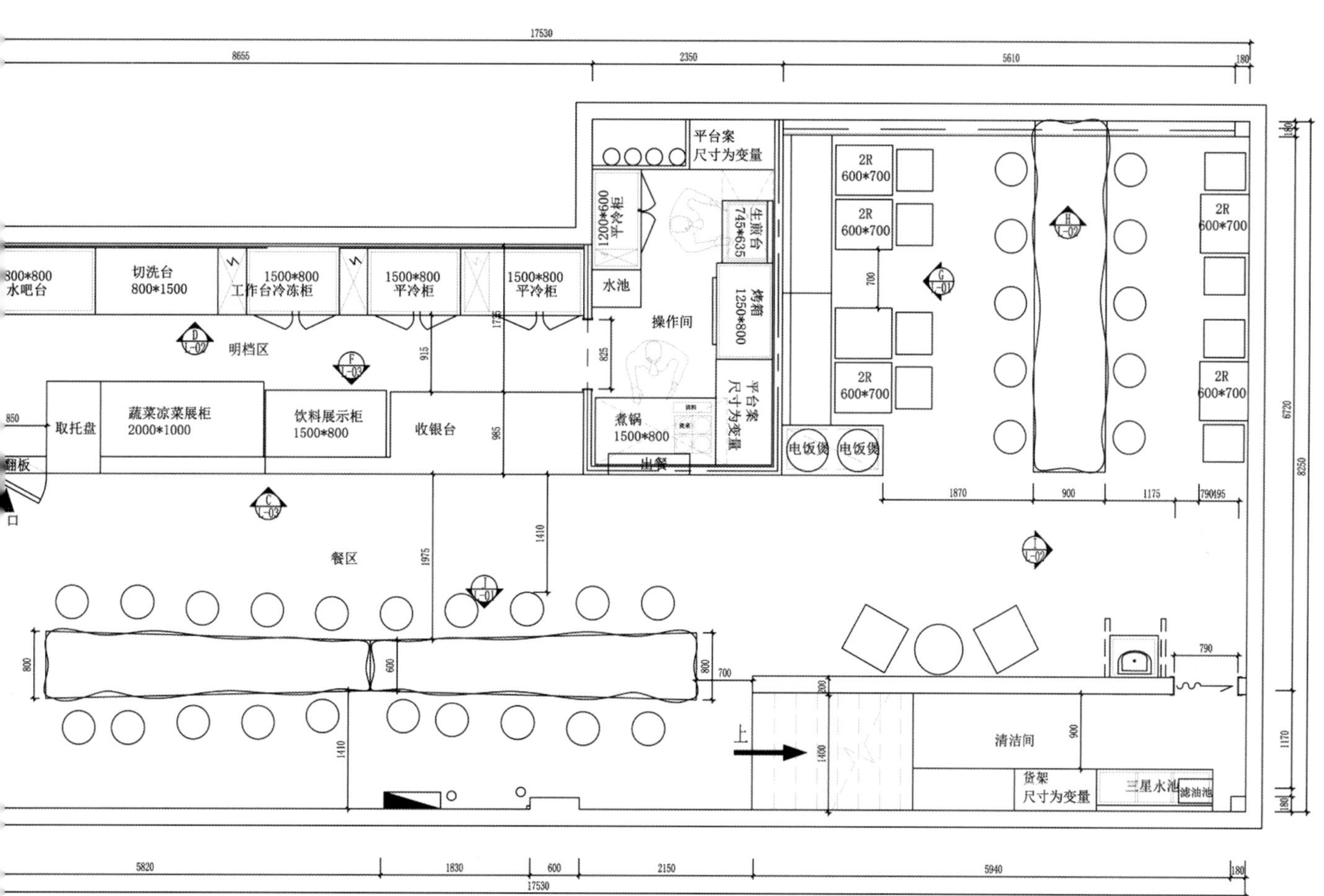

平面布置图 1:40

平面图

爱辣屋一楼全景

服务台

就餐区

就餐区

就餐区

就餐区

就餐区

餐厅一角

就餐区

就餐区

餐厅一角

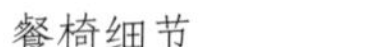
餐椅细节

墙面细节

灯饰细节

墙面细节

细节

细节

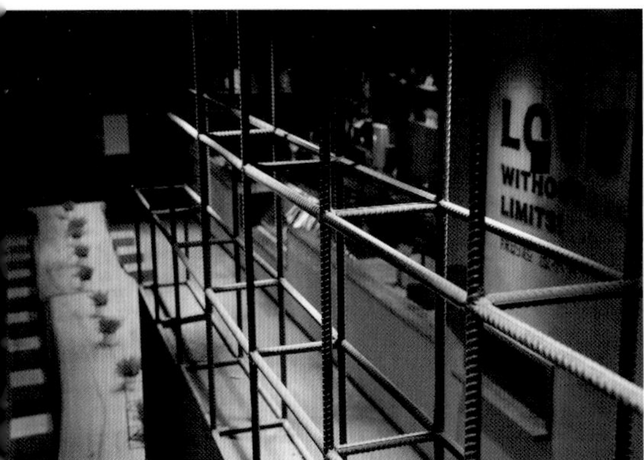

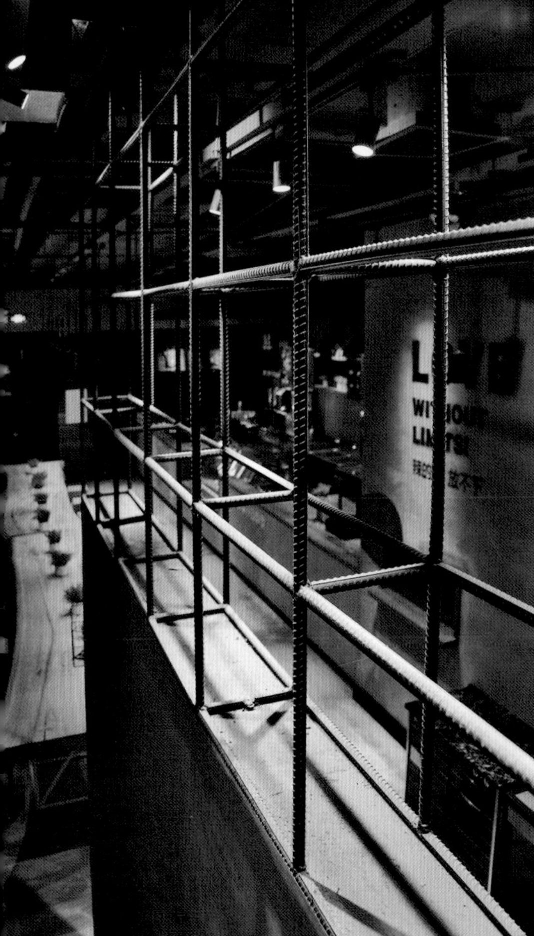

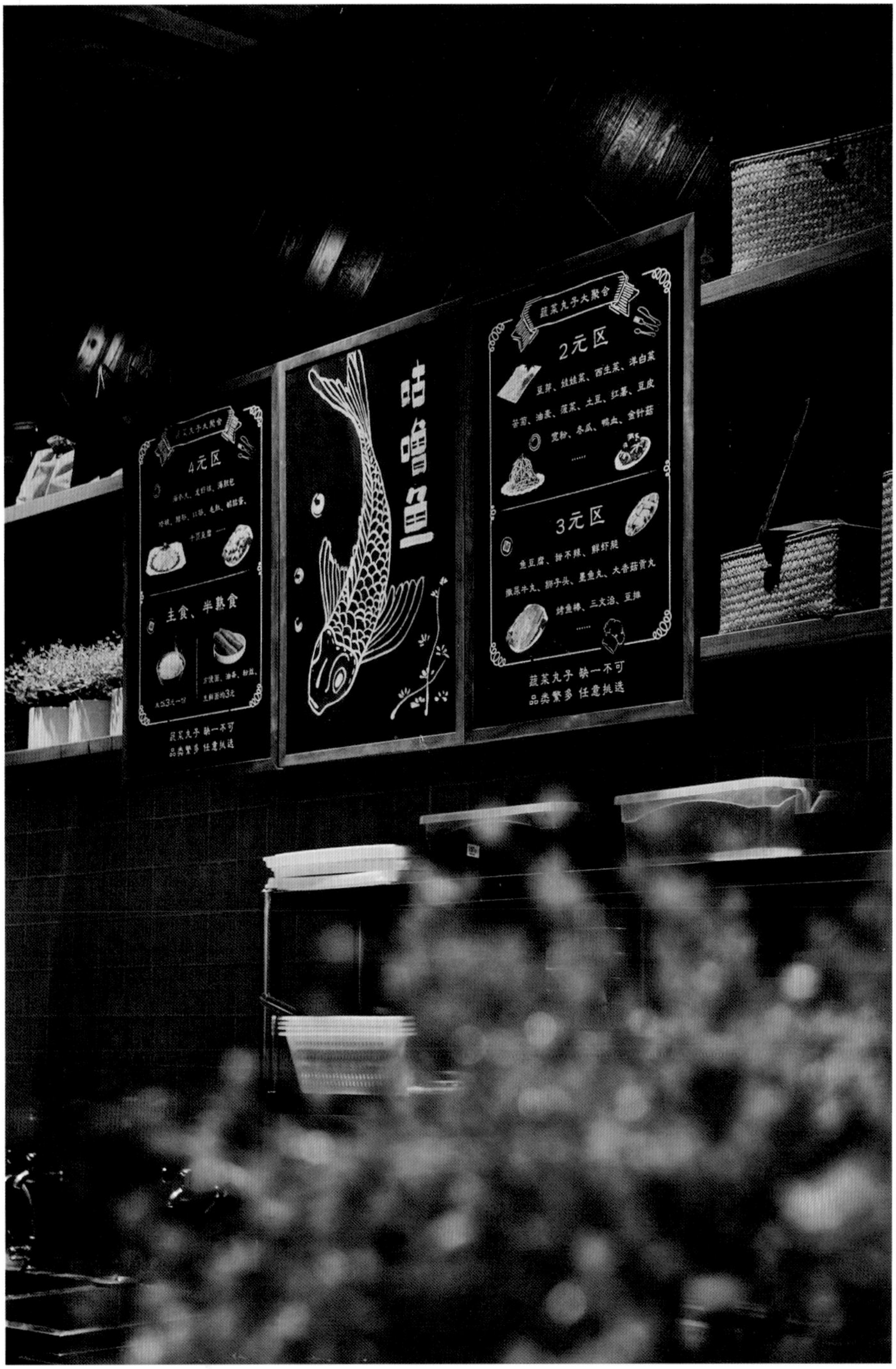
4元区
主食、半熟食
蔬菜丸子 缺一不可
品类繁多 任意挑选
咕噜鱼
蔬菜丸子大聚会
2元区
3元区
蔬菜丸子 缺一不可
品类繁多 任意挑选

细节

TT姜湖鱼·地道川味

一幅地道四川风情的生活画卷

设计师：
莫成方
墨非空间（深圳）设计室 设计总监

项目简介

项目所在地：深圳市
项目总面积：1250平方米
项目总造价：250万元
项目完成日期：2017年10月
主要材料：水泥、旧木、砖、旧报纸、风情画、电缆盘、老旧日常农家用具、定制家具等

设计说明

TT姜湖鱼来自巴蜀山野之地，12道地道川味，道道是舌尖上的故土。姜湖鱼，“鱼”是灵魂，精选鲜活食材，道地川式手法，姜乃万味之祖，辣是点睛之魂。本案以老成都旧情怀为设计主线，展现一幅地道四川风情的生活画卷。

本项目位处二楼，一楼只有窄窄的大约三米宽度的门面，且需要上楼梯转弯才能进入二层营业正门，为了解决这一令人头疼的缺陷，设计师从一楼楼梯口大胆使用镂空鱼、水图案元素的钢铁板材，为本项目设计了一条专属通道，由于形式新颖整体感强，灯光照明温暖悦目，彻底改变了消费者厌烦狭窄逼仄且转弯多折的楼道，为本项目营业引流立下第一功。

前厅正门区域是两开间宽度，结合本项目是大众消费，主打四川风情，为了营造日常所见的生活场景真实感，设计师并没有纠结于高档装饰材料，地面水泥地罩清漆，裸砖墙体，原木色点单台，木架造型装饰，老照片，旧报纸，普通座椅，暗示消费者，这里是大众消费川味家常菜。

移步中庭，着力打造风水眼，根据地形比例，设计成不规则四边形现代先锋感十足的水景台，利用枯树，老式烧水壶层叠接力，注水于金属手工荷花接水盘，潺潺流水声悦耳宁静，与墙体旧报纸装饰形成强烈反差，视觉焦点突出。

水吧台设计思路以实用为主，讲究合并同类，功能区分明确，灯光亮堂，便于工作人员操作，造型线条中规中矩，干净利落。

由于本项目整体营业面积高达1250平方米，在空间分割时，设计成东南西北中五大片区。中厅以对称两边分的设计，把中间区域作为通道，当后来用餐者穿越而过时，两边餐桌的美食、用餐者、食物香味既成为一道风景，诱惑来者的味蕾，预热、调动用餐者的感官刺激。大色块的橙色联排车厢椅活泼热烈，绝配川味的麻辣鲜香，空间区域热力四射，铁艺鱼型装饰搭配布艺花簇，硬朗中透出妩媚，寓意川妹子的性格。

墙面白底黑色书法字体，搭配黑色座椅，空间氛围简单洁净，创意灯饰成了真正的亮点，去掉壶底的老式烧水吊子改制成灯罩，错落有致的排列令人在怀旧中带来一丝惊奇，这也可以？

该空间相对安静，以灰、黑为基调，灰砖勾缝整齐划一，黑色脸谱的灯饰，两两相对的车厢座位适合情侣用餐说悄悄话。

本空间餐桌排位依墙而列，保持相对空间的宽容度，辅助气氛元素丰富，水吊子灯饰，加上大轱辘电缆盘，营造真实生活场景，在此用餐交流毫无拘束之感，舒心随意。

该空间主题以家乡味为引子，墙面大小不一的竹编簸箕，错落的餐位设置，静静回味妈妈的味道。

墙面大幅照片，营造了老辈人的生活日常，四川特色的旱烟杆，缭绕的烟雾，坦然的任务神态，俭朴的衣着，仿佛在烟头的明灭中述说着岁月静好，欧陆风格的皮质沙发与画面中川式竹椅中西合璧，毫无违和感，这里有酒，只要你有故事。

司空见惯的大型电缆盘之妙用，可谓神来之笔。一人半高的电缆盘粗犷硬朗，辐辏分明，设计师突发奇想，利用电缆盘作为转角处或区域分隔之用，且成本低廉可以随时搬动，改变格局。由于是生活中常见之物，配套烧水壶灯饰，局部生活气息油然而生，给人亲切而熟悉的场景氛围。

由于本项目体量大，又属大众消费，人流量巨大，设计师从装修成本角度考虑，并没在洗手间装饰上耗费资金和心思，采用毛面麻石板材，设计成简单方正的洗手池，匹配方正的镜子，简单而实用，隐性条背光及区域灯光温暖明亮。洗手区域往往是社交打招呼频次较高的区域，因此，设计师在环境气氛营造上，利用多个电缆盘作为组合，经过巧妙布局排列，给人一种小时候“躲猫猫”的怀旧效果，再匹配四川话里富有特色的市井俚语，令人耳目一新，啧啧称奇，“化腐朽为神奇”的设计功能在此表现得淋漓尽致。

入口处

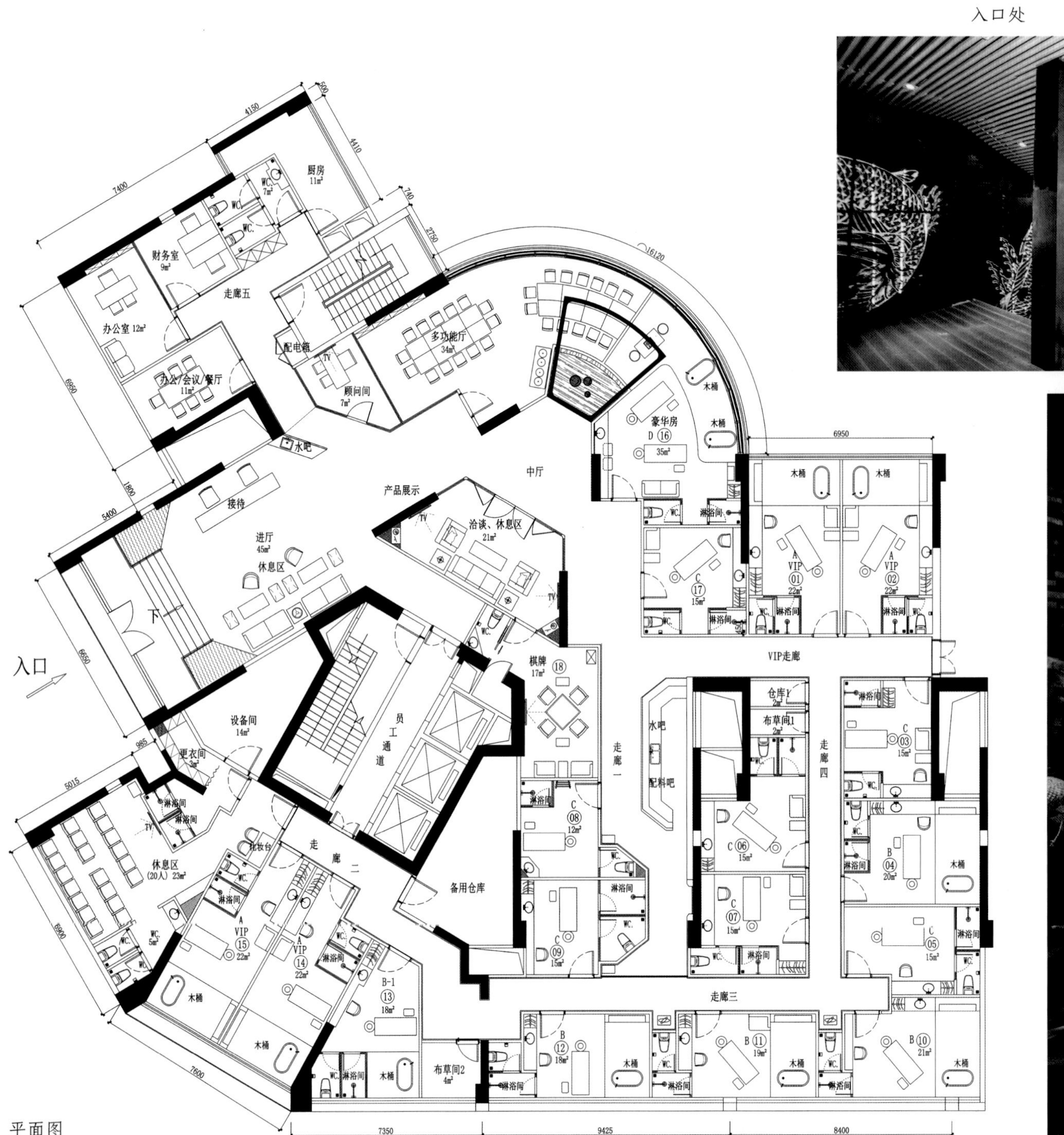
厨房 11m²
财务室 9m²
走廊五
办公室 12m²
配电箱
办公/会议/餐厅 11m²
顾问间 7m²
多功能厅 34m²
豪华房 D 16 35m²
木桶
水吧
中厅
产品展示
接待
进厅 45m²
休息区
洽谈、休息区 21m²
下
入口
设备间 14m²
更衣间 3m²
员工通道
棋牌 18 17m²
VIP走廊
走廊一
水吧
配料吧
仓库 2m²
布草间1 2m²
走廊四
休息区 (20人) 23m²
化妆台
走廊二
备用仓库
走廊三
布草间2 4m²
淋浴间
4150
7400
6950
5400
6650
5015
8900
7600
7350
9425
8400
16120
6950

平面图

中庭景观

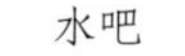

水吧

大门接待区

大厅中

用餐北区

用餐南区

用餐东区

用餐西区

局部

包房

洗手间区域

CIAO冰激凌咖啡店

上海最具现代感，亦有古典文艺气质的意式手工冰淇淋店

设计师：

李若愚、周玲玲

物唯设计咨询（上海）有限公司 设计总监

项目简介

项目所在地：上海市

项目面积：40平方米

设计单位：物唯设计咨询（上海）有限公司

摄影：Mathias Guillin

设计说明

设计团队以体现CIAO的经典冰淇淋系列为原型，将其从立体视觉转化输出为平面的几何结构，并从中提取出与蛋筒造型相近的三角图形为设计基础，通过黑白双色的拼接组合，来打造一个极具现代风格的立面墙体。

通过氛围光源营造出一种神秘而错落，丰富又简约的品牌视觉标签。黑色的三角形片摆出CIAO的品牌标示，简约的黑白配色与三角形几何立体墙面构造出鲜明的品牌视觉。边缘立面墙则以碎花式分布的双色三角形瓷砖铺陈纹理，犹如哥特式的米兰大教堂的花窗玻璃，碎片式地造就了教堂内部神秘灿烂的景象。

L型结构的空间营造出现代氛围中的条理细节，由冰淇淋区域与咖啡区域双向交织

的而重合的空间恰巧形成了第三种身份的归属领地——顾客体验区。设计师们深谙欧洲文化的精神，基于意大利特有的设计理念——在压力持续增长的当代，咖啡馆与冰淇淋店的桌椅空间已不仅仅只提供一个休息和放置物品的场域，它还意味着恢复失落的情绪，和提供一个舒适的避难所。

设计师在中国设计中融入意大利家具以适合中国的精髓，在设计顾客体验区域充分延伸了米兰现代风格设计的特点：即在空间中较多地使用直线。除了橱柜为简单的直线直角外，沙发与桌子亦为直线，不带太多的曲线条，造型简单，富含设计或哲学意味但不夸张。

黑与白是现代风格的代表色，常用的灰色、米黄色等原色以及无印花、无装饰的大面积纯色带来另一种低调的宁静感，沉稳而内敛。

此外，设计师为了强化来自意大利的手工冰淇淋的身份属性，选择了文艺复兴巨匠米开朗基罗的唯西斯廷大教堂天顶制作的创世纪绘画，为这个冰淇淋店做了墙面顶面的装饰。

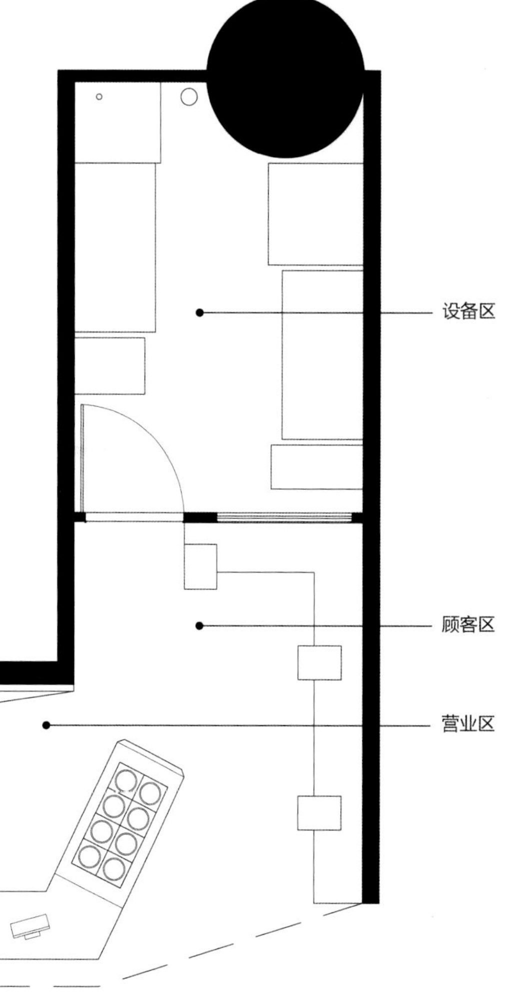

平面图

店面全貌

服务台

顾客区

墙面顶面特写

墙面

店面LOGO

服务台

顾客区

营业区

装饰

细节

细节

细节

西风东渐

—— 日式料理＆西餐厅

重庆秋叶日本料理北仓店

这是一个朴实的设计，但很多人说，“有惊艳之美”

主创设计师：
李益中
李益中空间设计（深圳、成都）创始人
都市上逸住宅设计创始人

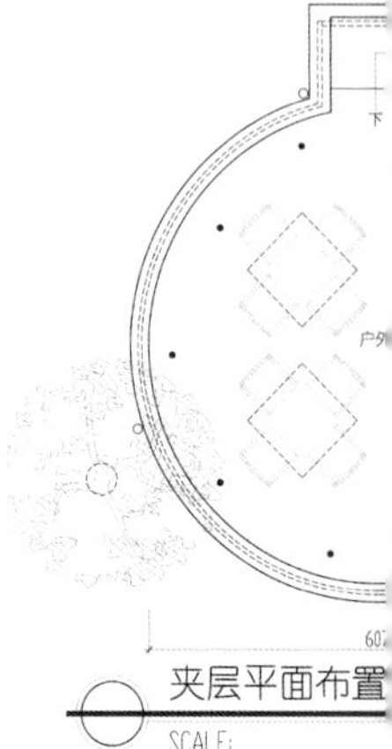

项目简介

设计区域：室内设计、软装设计及执行、灯光设计、顾问服务
项目所在地：重庆
项目总面积：400平方米
项目总造价：300万元
主要材料：斧剁石、户外木地板、深色木饰面、锈铁板、钢拉网、素水泥、深灰色涂料、白色肌理漆

设计说明

餐厅入口选在东边，拾级而上。

东边原来有5棵树，保留了3棵大树，拔掉了2棵小的，在地台上加建了玻璃房，设置入口玄关及两个包间，大树穿插在两个玻璃包间之间。

原本设计主体建筑修旧如旧，保留其坡屋顶及砖墙质地。

但经现场勘查，原建筑因年久失修，屋架的椽梁结构许多已经腐朽，基本没有保留价值。

于是，使用老木、老瓦、老木匠，按原来屋架的形态和结构形式重修了一个屋顶，外观和原来一样，只是比原来整体抬高了50厘米。

在室内设计中，尽可能表现裸露木构屋架的韵律之美。

基地西侧有一个老的工业厂房，体量较大，与老房子有七米的间距。团队以一

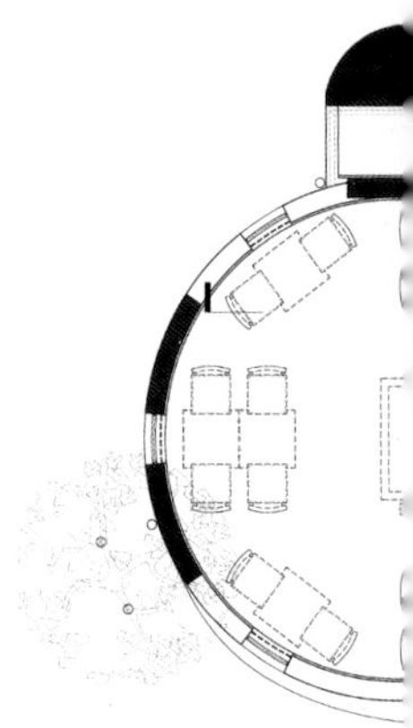

片混凝土墙以阻隔对面老厂房的视线，同时设置了三个内向的小包间和一个天井。

天井种植一棵枫树，春夏绿叶，秋天染红，冬天有枯枝，四时光景不同，将时间体验带进来。

开拓屋顶花园平台是我们特别有创造力的想法。

南向有一棵巨大的参天古木，庇护着这个小房子，设计团队削掉了一跨屋架将其打造成一个屋顶用餐平台。

由于原建筑的质量较差，室内的墙体由各种砌块组成，有红砖、青砖、水泥砌块等等，根本达不到原先设想的红砖表面的舒服温暖的质地。

对于墙面的处理几经斟酌，最后决定用深灰色的涂料罩在墙面上，大而化之，形成一个统一的调子，斑驳的墙面反倒反映出一个老房子的沧桑变迁，带出更多的故事性。

在室内陈设上，没有用传统的符号化的语言来塑造空间氛围，使用了一组日本画家的作品，重新编辑之后以他山之石攻玉，成为室内装饰的点睛之笔。并且用各色碎布头拼贴成画，找出日本和风的味道。

由于该设计是旧房改造项目，因此以尊重环境为原则，对建筑形态做了有控制的加与减，在修旧如旧的基础之上，以现代的设计语言置入，完成功能的设置，并创造就餐氛围。

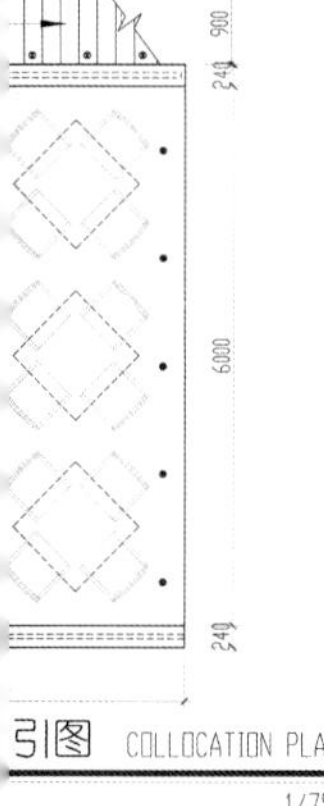

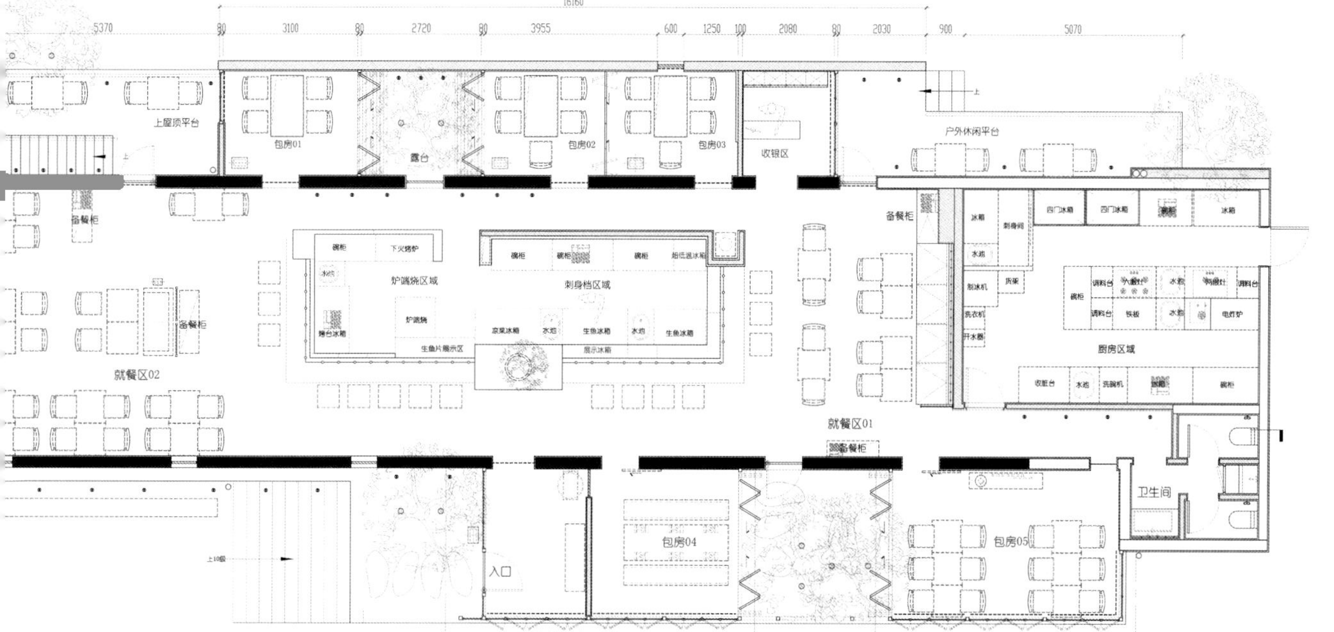

平面图

餐厅外观

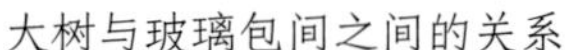
大树与玻璃包间之间的关系

餐厅外观细节

餐厅入口

入口接待区

就餐区

就餐区

就餐区

就餐区

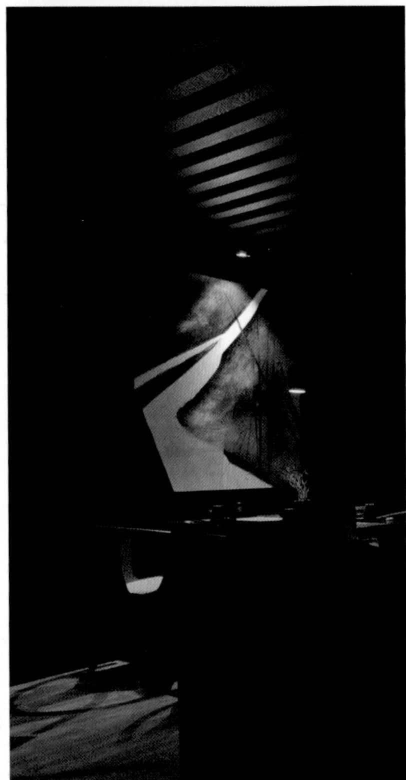

就餐区

吧台就餐区

包间

包间

木构屋架细节

包间

手作艺术

包间

包间

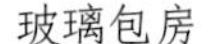

玻璃包房

屋顶花园

扬州虹料理

将日本传统文化用现代设计手法加以表现

设计师：
孙黎明
上瑞元筑设计有限公司 创始合伙人 · 纽约事务所总监

项目简介

项目所在地：扬州市
设计单位：上瑞元筑设计有限公司
主创设计师：孙黎明、冯嘉云
参与方案设计：胡红波、徐小安、陈浩
项目总面积：580平方米
主要材料：新古堡灰石材、酸洗锈石、波浪不锈钢板、楸香木木饰面、实木地板、草编墙纸、亚克力棒、镀铜金属件、中国黑石板

设计说明

日本料理是被世界公认的烹调过程最为一丝不苟的国际美食，它拥有无雕无琢的自然食材，一丝不苟的烹调过程，素雅天然的陶器、原木食具。其中最值一提的，还是当属它以古朴典雅著称的用餐环境。这也造就了日本料理精致而健康的饮食理念。扬州“虹料理”也沿袭了这一理念：自然原味、细腻精致、制作精良，材料和调理手法重视季节感。这一精神也被运用到后期餐厅设计中去，在设计阶段设计师将日本传统文化用现代设计手法加以表现，让日本传统文化在无形中影响了食客。

本案中大量运用楸香木木饰面、草编墙纸、酸洗锈石、新古堡灰石材等现代装饰材料进行空间打造，大面积的波浪不锈钢板贯穿于整个屋顶，灵感来源于“ISSEY MIYAKE”的菱形系列，有意打造成设计师心中富士山山峦在水中波光粼粼倒影的形象，内敛而不失惊艳之处。过道中亚力克棒则被打造成了抽象的装置，好似飘在空中的大号雪花又好似飞舞的樱花，大与小的对比，层次之美油然而生。走道一侧是栅格里的若隐若现、虚虚实实的山水墨彩，另一层则是几何分割的大面积酸洗锈石，看似矛盾却恰恰反映了日本文化的根本，无形中与传统日式元素相结合，在细节上又与传统设计有所不同，空间的多元化设计使得整个环境脱俗，和风煦语，折射出更多层次感，意味无穷。

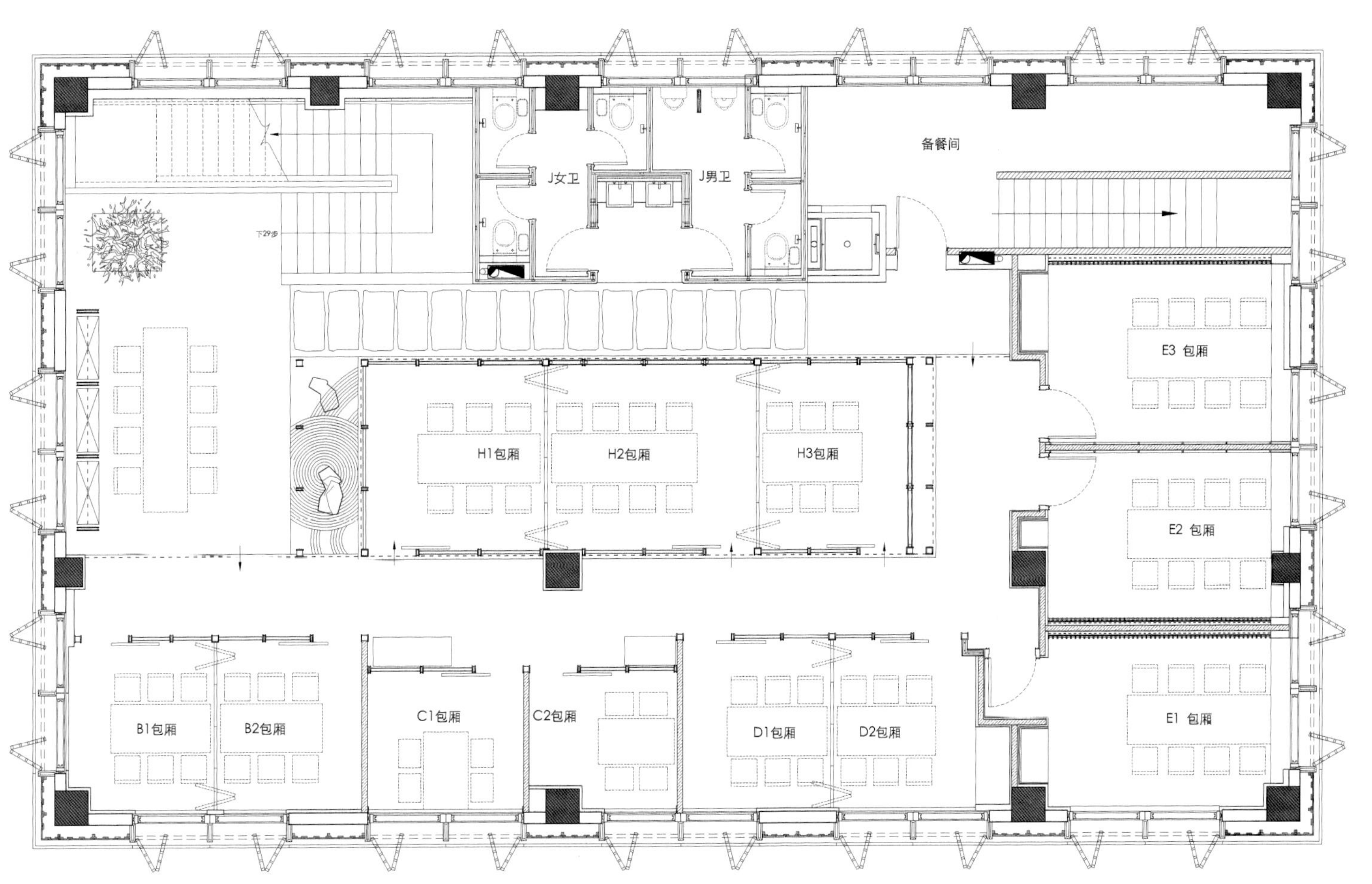

平面图

外观

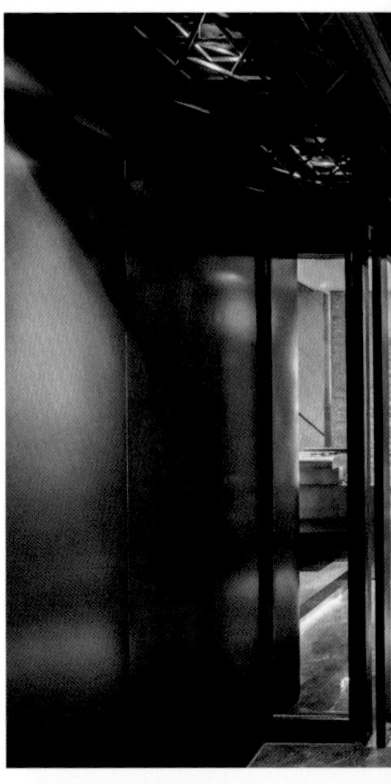

包间

包间

包间

餐厅入口

大厅

就餐区

大厅

就餐区

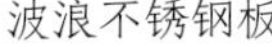

波浪不锈钢板

亚力克棒

亚力克棒

细节

隔断

墙面细节

细节

怀砚日料餐厅

怀砚而食，腹有书香。这是一家用情怀来打磨的餐厅

设计师：
李一
宁波李一空间设计事务所 设计总监

项目简介

项目所在地：宁波市

项目总面积：140平方米

主要材料：水磨石、木饰面、榆木、中赛照明

软装配饰：青青

设计说明

设计师希望无论从味蕾还是到心灵，客人在这里都能寻到一种属于东方美食的独特滋味。从迎客的黑松、水墨的地坪、温润的木器、舒适的灯光，到精彩的陈设、精致的餐具以及精美的食材，每一处细节的打磨中，设计师不仅展现了日式风情的简致与禅意，还将当代设计中“少即是多”的极简理性融入其中。

餐厅面积约为140平方米，分为迎宾收银、料理吧台、卡座和包厢四个区域。走进怀砚，原木肌理的弧形墙体格栅，不仅解决了原建筑东侧的不规则问题，同时形成了玄关背景，将就餐区和迎宾区做了巧妙分隔，右手一颗迎客松，与空间融合呼应，展现纳须弥于芥子的禅宗意境。

餐厅内部，原木的温润在灯光下呈现丰富的质感和层次，通过弧面的造型，软化了空间的刚度，抛光处理的水磨石地坪，在灯光下产生微妙的变化，仿佛一片星空落入大地，给人无限的想象；而在料理吧台区，一排吊灯从一片充满生命意向的“树林”中垂下，一盏射灯将光晕投射到在直线为骨，弧面为肌的背景墙上，与黑

色简约线条勾勒出的标志“怀”交相呼应……专业的灯光，让每一处细节都值得细细品味。

对商务精英们而言，在仓促的午餐时间，脱下外套，换上鞋在榻榻米享受午餐显然不是十分现实，这也不符合设计师对美学与实用性兼具的设计理念。所以，在充分考虑到了怀砚餐厅日常消费人群的特殊性后，卡座区用椅子取代榻榻米，用简约的吊灯取代古朴的灯笼。当然，考虑到多样性的需要，设计师在包厢区域采用了传统日系座席，并通过灯光的处理，让这里显得更加私密和温馨。

餐厅中每把木质椅子的棱角都经过了细心打磨，磨去棱角的椅子更加突显了木质的那份亲和力，并给顾客带来良好的使用体验；在暖色调的灯光照射下，逐渐升温的木料，加深的纹理，朴实中反衬出不凡的品质。顾客在享受原汁原味的日式料理的同时也让身心得到了放松。

“让日料多一些自由和舒适”，曾多次游学日本的设计师和店主都不是墨守成规的人，对他们而言，“日料”并非一成不变的概念，而是让人感觉舒服和时尚的就餐方式，“怀砚”就是他从内而外演绎这个概念的地方。

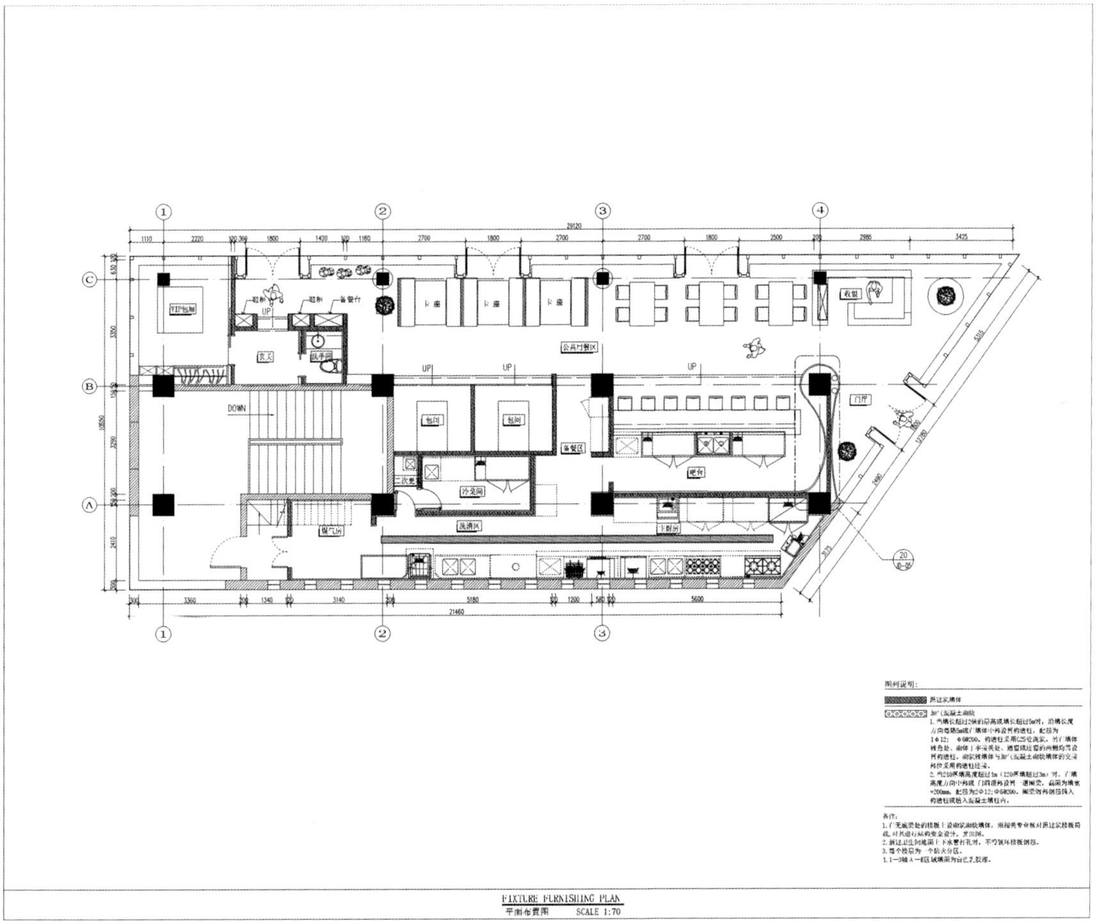

FIXTURE FURNISHING PLAN
平面布置图 SCALE 1:70

平面图

局部

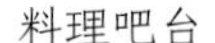

料理吧台

料理吧台

吊灯

局部

包厢

细节

细节

餐厅一角

atta bj意大利餐吧

呈现北京包容开放的城市特质属性

设计师：
范日桥
上瑞元筑设计有限公司 创始合伙人&设计总监

项目简介

项目所在地：北京市
主创设计师：范日桥、陆逊
参与方案设计：朱希、李瑶
项目面积：273平方米
主要材料：不锈钢镀紫铜、深灰色钢板喷塑、亚克力、水磨石、水泥板、镜面、可调光变色LED灯

设计说明

"atta bj"位于北京建国门外大街1号国贸中心，是一家创造性的意大利餐吧，提供了一系列的全天用餐选择，价格固定的午餐、意大利灵感的下午茶、别致的晚餐与夜间酒吧。

处于一线地标商业区内的atta bj，商务办公白领聚集区域，在繁忙的工作中独享"atta bj"宁静的就餐体验，空间造型大气、用材单纯干练、色调沉稳优雅是设计的前提，结合北京城市的多元文化记忆特征，运用错位拼接的艺术手法呈现城市包容开放的特质属性、散发出时代的一缕缕美好片段。深夜，位于北京国贸中心atta bj餐吧，犹如一只盛着色彩斑斓酒体的高脚杯，晶莹的冰块由于杯体的摇晃与酒融为一体，被酒一遍一遍地浸染，色彩终在空间中流淌开来，空气里弥漫着微醺的气息。

细节处，设计师通过抽象化、艺术化的手法，将这一感官体验浓缩为空间当中的一组装置，透明亚克力单元体就像是酒杯内的冰块，而不断变幻的LED灯光就像是色彩斑斓的酒体，两者相互反应形成梦幻迷离的光影效果。空间内镜面和紫铜的运用，使空间增添了不同程度的反射作用，虚虚实实，层层叠叠，让宾客在享用美食与绮想空间中感受真实与想象。

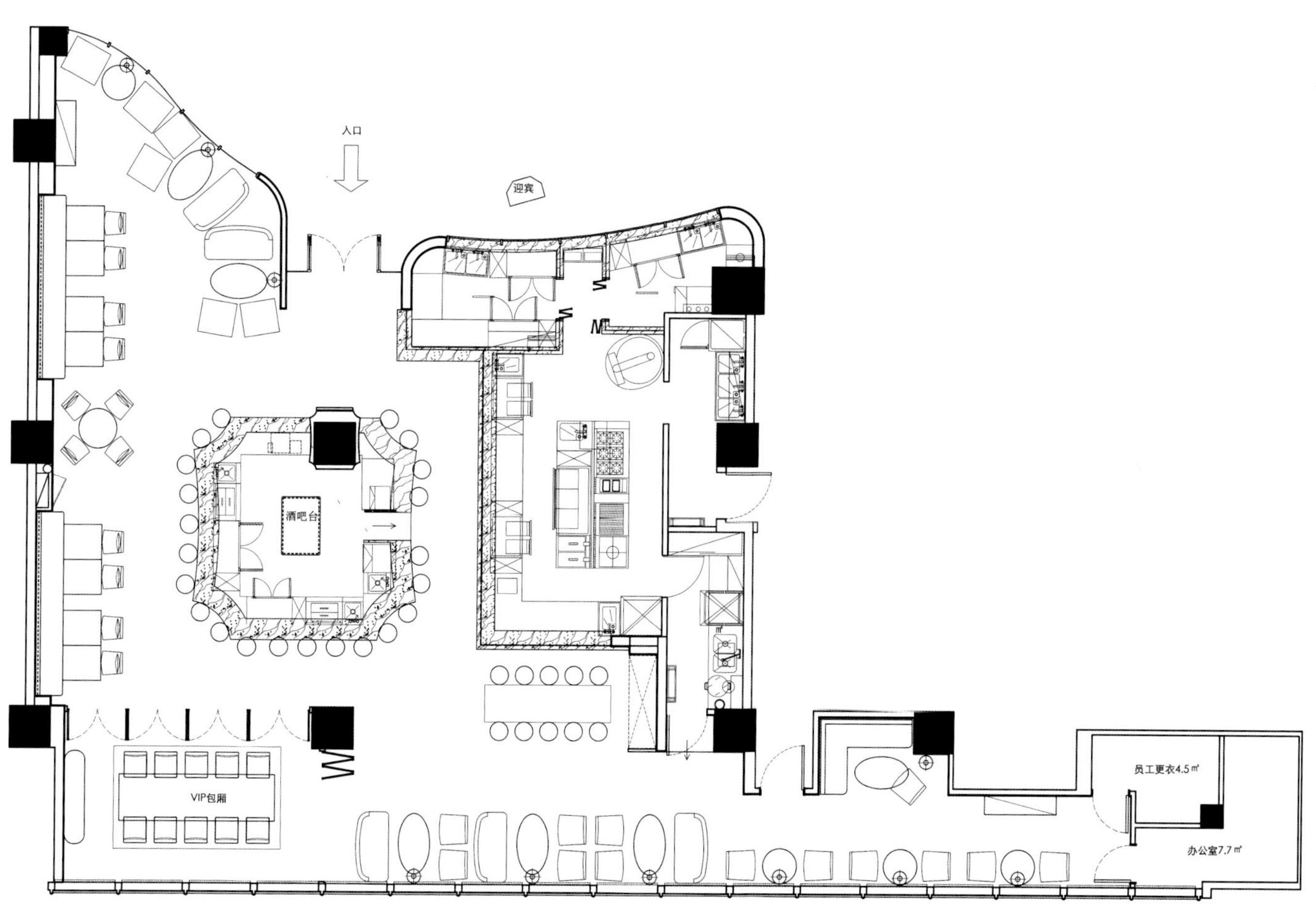

平面图

外观

餐厅入口

餐厅位于北京核心区域

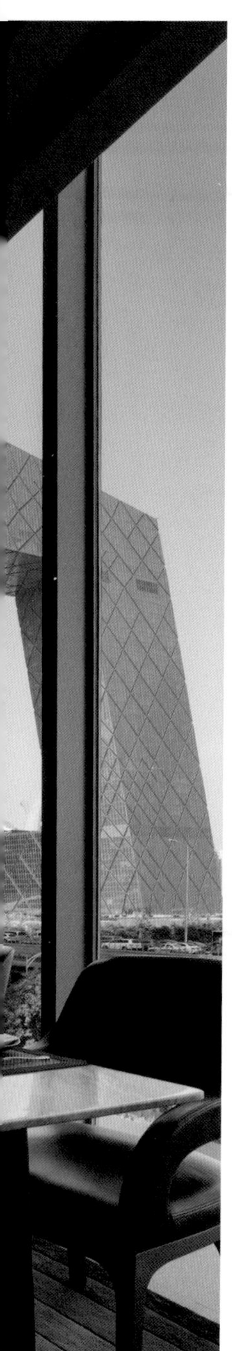

吧台及散座

餐厅一角

吧台及散座

餐厅一角

就餐区

透明亚克力

软装

透明亚克力

透明亚克力

细节

夜间酒吧

夜间酒吧

JSTONE. ITALIAN KITCHEN & BAR

耳目一新的意大利美食体验

主创设计师：

杨悦

斐格设计集团（香港）有限公司 设计总监

项目简介

项目所在地：上海市

项目总面积：180平方米

设计单位：斐格设计集团（香港）有限公司

施工单位：上海幸赢空间设计有限公司

设计说明

JSTONE.ITALIAN KITCHEN&BAR浦东陆家嘴黄金地段世纪汇广场五楼主打“古铜”元素，致力于为申城食客带来耳目一新的意大利美食体验。步入里间，古铜元素环绕四周，纵横交错的铜管穹顶，椰子灰的地板，简洁的实木餐桌和水晶酒杯营造出轻奢艺术的用餐氛围，点点星光的衬托为来此用餐的人们增添一份雅致情调。

本设计注重动与静的结合，光与暗的分寸，规划出一个宁静舒适的空间，内敛奢华从细微处彰显质量。从陈列到规划、从色调到材质、宁静到繁华之间，营造出简单舒适而富有质感、韵味、细节的休闲娱乐空间，缔造一种更高层次的消费享受。

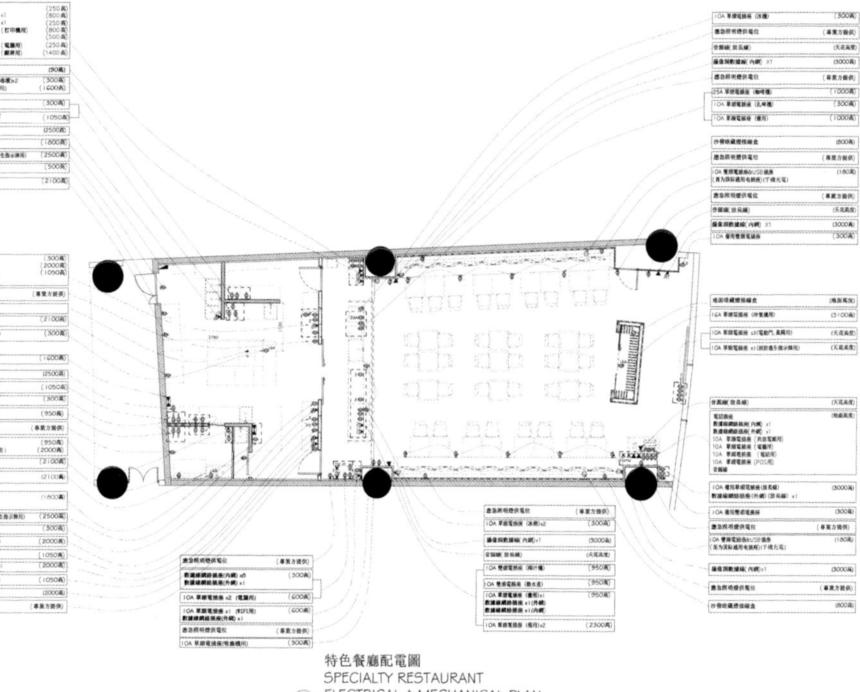

配电图

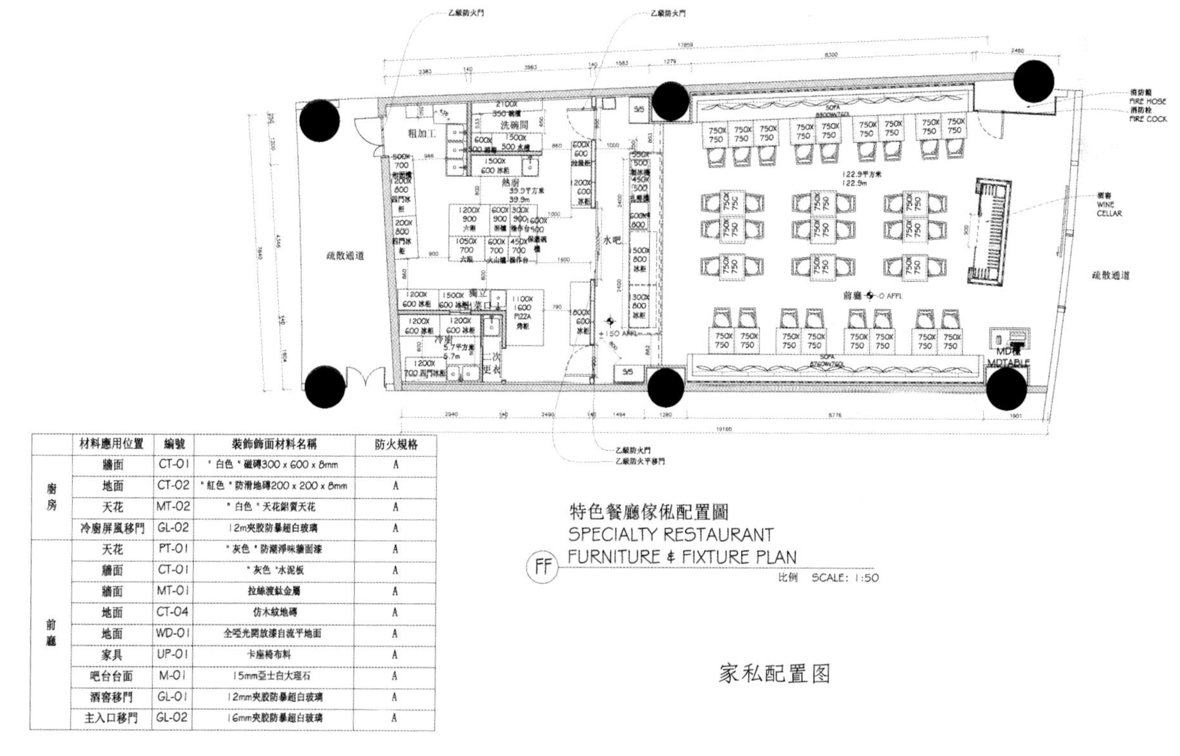

	材料應用位置	編號	裝飾飾面材料名稱	防火規格
廚房	牆面	CT-01	"白色"磁磚300 x 600 x 8mm	A
	地面	CT-02	"紅色"防滑地磚200 x 200 x 8mm	A
	天花	MT-02	"白色"天花鋁質天花	A
	冷廚屏風移門	GL-02	12m夾膠防暴超白玻璃	A
前廳	天花	PT-01	"灰色"防潮淨味牆面漆	A
	牆面	CT-01	"灰色"水泥板	A
	牆面	MT-01	拉絲渡鈦金屬	A
	地面	CT-04	仿木紋地磚	A
	地面	WD-01	全啞光潤放漆自流平地面	A
	家具	UP-01	卡座椅布料	A
	吧台台面	M-01	15mm亞士白大理石	A
	酒窖移門	GL-01	12mm夾膠防暴超白玻璃	A
	主入口移門	GL-02	16mm夾膠防暴超白玻璃	A

家私配置图

服务台及就餐区

服务台及就餐区

就餐区

就餐区

就餐区

就餐区

餐具

餐具

普吉天堂餐厅

沉醉于普吉岛迷人热带风情

设计师：

范日桥

上瑞元筑设计有限公司 创始合伙人＆设计总监

项目简介

项目所在地：上海市黄浦区第一百货

主创设计师：范日桥、冯嘉云

参与设计师：李明帅、朱希、许如茹

项目总面积：280平方米

主要材料：印度绿大理石、水磨石、木饰面、藤编、金属镀铜

项目摄影：Peter Dixie

设计说明

普吉天堂餐厅位于上海市第一百货，伴随着第一百货重新开业，项目也同时启动。餐厅灵感来源于普吉岛的日夜光影变幻，通过印度绿大理石、彩色水磨石、带有热带风情的藤编、木地板、镀铜金属和阳光板编织出一个带有普吉韵味的当代都市餐厅。阳光板和纱帘以及藤编的朦胧感给我们带来了惊喜。

餐厅空间是一个规矩的盒子，平面布局通过一横一纵布置了多重坐姿给空间带来活力，亦给顾客就餐带来了不同场景体验。正面是一个很长的展开面，相对应的长展开面是带有多个窗户的外墙。设计团队第一次去现场时是一个傍晚，窗外路灯初亮，暖色的路灯和蓝紫色的天空让我们瞬间想到了普吉岛的傍晚，热带绿植风吹摇曳，被路灯照射投影到纱帘上的场景。后来在窗帘的设计上选用了不同透明度的绿植剪影图案印在纱帘上，纱帘图案通过多层的叠加和白天、夜晚不同的光感带来浓郁的风情感。

我们提取了一个芭蕉树叶简化为一个简单的图案，运用在吊灯、隔断和顶面的木片装置上，用抽象的手法去表现普吉岛迷人的热带风情，值得一提的是我们把桌子上进行了色彩的切割，以表现普吉岛所代表的热带天气下阳光照射到地面形成的清晰投影。

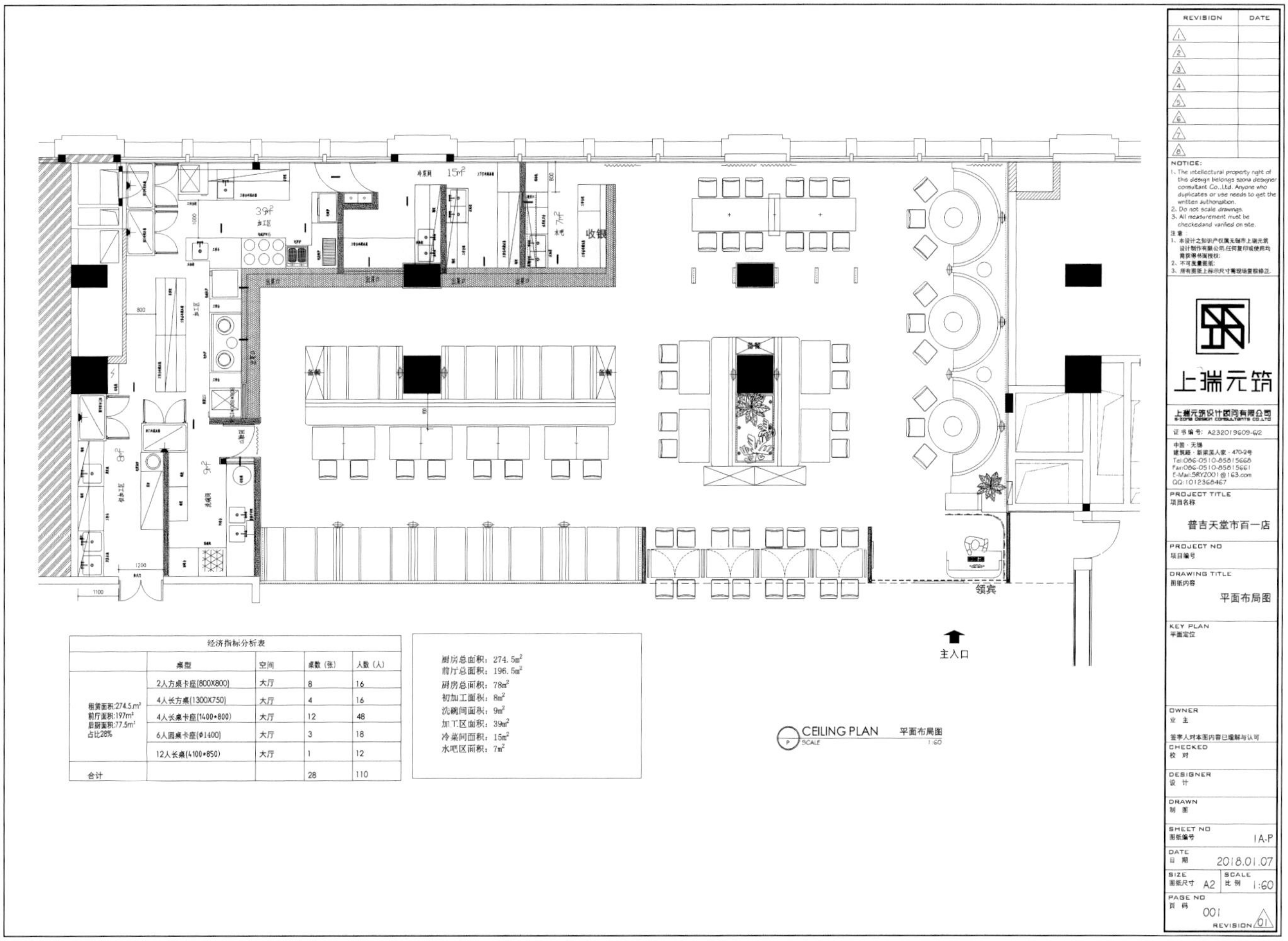

经济指标分析表

	桌型	空间	桌数（张）	人数（人）
租赁面积:274.5m² 前厅面积:197m² 后厨面积:77.5m² 占比28%	2人方桌卡座(800X800)	大厅	8	16
	4人长方桌(1300X750)	大厅	4	16
	4人长桌卡座(1400*800)	大厅	12	48
	6人圆桌卡座(Φ1400)	大厅	3	18
	12人长桌(4100*850)	大厅	1	12
合计			28	110

厨房总面积：274.5m²
前厅总面积：196.5m²
厨房总面积：78m²
初加工面积：8m²
洗碗间面积：9m²
加工区面积：39m²
冷菜间面积：15m²
水吧区面积：7m²

主入口

CEILING PLAN 平面布局图 SCALE 1:60

上瑞元筑
上瑞元筑设计顾问有限公司

PROJECT TITLE 项目名称 普吉天堂市百一店
DRAWING TITLE 图纸内容 平面布局图
SHEET NO 图纸编号 1A-P
DATE 日期 2018.01.07
SIZE 图纸尺寸 A2　SCALE 比例 1:60
PAGE NO 页码 001

平面图

窗帘印花模拟热带树叶的投影

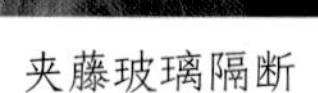

定制座椅具备热带风情

夹藤玻璃隔断

空间大场景

夹藤玻璃门，营业可开，闭店可关

绿色的不同材质肌理运用

绿植箱营造热带氛围

外立面的藤编有着相对关系

圆卡座就餐组团由圆够成

圆形水磨石地面

爱尚清迈

浓郁东南亚风情，爱上清迈的雅致

设计师：
卢富喜
南宁市叁倉设计事务所 创始人兼设计总监

项目简介

设计单位：南宁市叁倉设计事务所
项目所在地：南宁市
项目总面积：230平方米
项目总造价：70万元

设计说明

如果用一个词来形容“爱尚清迈”，那就是“雅致”。作品在环境风格上体现了一种美学精神，不被任何传统文化束缚，用独特的视角重新审视周遭的环境，并以平易近人的方式，来探索设计的本质。入口处木制百叶结合绿植墙颇具仪式感，稍加点缀配饰，增添了几分东南亚情调。简练的设计手法，浓郁东南亚风情的挂帘屏风交织出独特视觉冲击力，让空间多了些透气。木饰面免漆板，藤编，质感涂料，一切都是为了营造恬静自然的休闲感，更多的是以配饰贯穿整个空间，焕发出独特魅力。环境舒适有质感，角落都尽显用心。

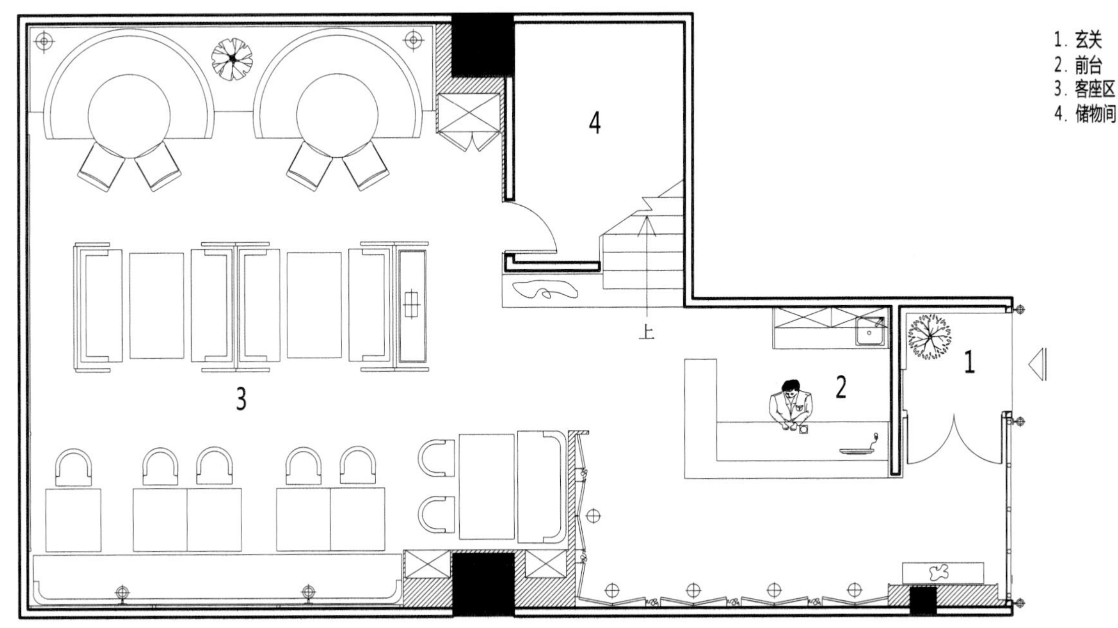

1. 玄关
2. 前台
3. 客座区
4. 储物间

一层平面布置图

平面图

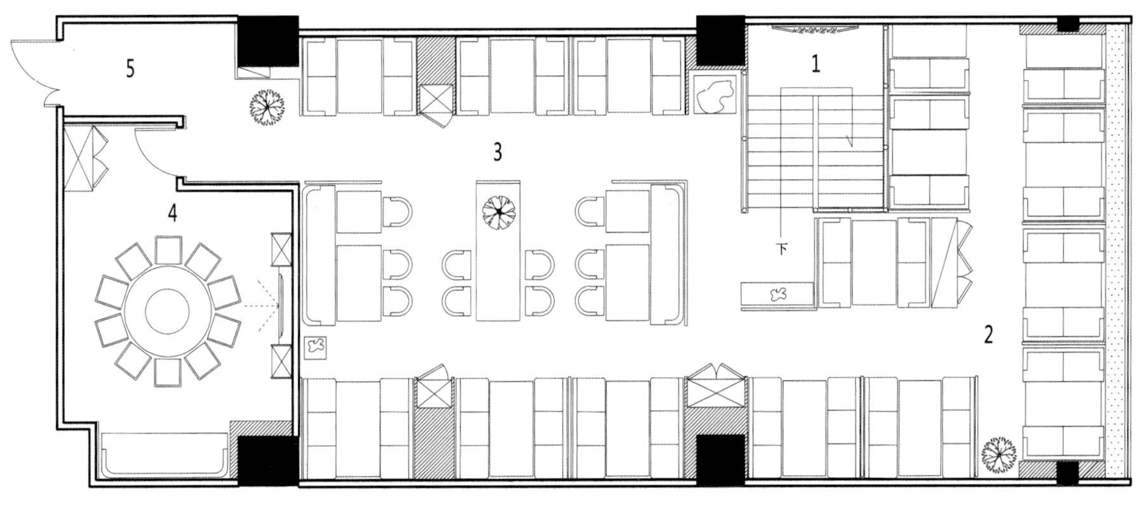

1. 楼梯间
2. 临窗卡座区
3. 中庭区
4. 包厢
5. 通往厨房及卫生间

二层平面布置图

平面图

前台区

一楼大厅区

二楼大厅区

二楼楼梯口

一楼大厅区

二楼包厢

一楼大厅区

特写

特写

二楼靠窗区

特写

特写

品默烘焙学堂＆繁华里店

一场梦幻的甜品盛宴

设计师：
孙黎明
上瑞元筑设计有限公司 创始合伙人＆纽约事务所总监

项目简介

项目所在地：无锡市
软装设计：艺研堂陈设设计
主创设计师：孙黎明、冯嘉云
参与设计师：胡红波、周怡冰
项目总面积：240平方米
主要材料：爵士白大理石、拉丝不锈钢电镀玫瑰金色、金属黑色烤漆、灰绿白三色六角形地砖、绿色实木板、灰白双色墙面条砖、金属绿色烤漆

设计说明

这个项目中上瑞元筑为品默烘焙学堂打造了一场梦幻的甜品盛宴，240平方米的上下两层空间，一层陈列，二层是课程的场地。

突破市场上常见的黑、咖、黄色调，饰以暖黄灯光的烘焙店形象，使用更加摩登现代感的甜蜜的马卡龙色调，大量运用马赛克瓷砖和明亮的圆形镜面来构造空间，让步入店内的人们迸发创意的灵感，在这里营造自己的美味人生。

店面空间充斥着六边形的分子元素，在地面形成极具情趣的波浪形马赛克铺砖，墙面则是大面积色块拼接，与富有格调的金属点缀与薄荷绿主调的室内装饰一起填满了空间。

展示区，灯泡在吊顶上密密分布，带来韵律和层次感，良好的灯光照明让食物呈现迷人光泽，轻而易举勾起食欲和购买欲。

二层的教学区，将场景化为一个大型的开放式厨房，中岛的设计提供充分的活动空间，让教学的场景在明亮开阔的氛围中进行，厨具整齐地陈列在墙面，呈现出热闹又不失严谨的生活气息，贴合人们对生活的美好向往。

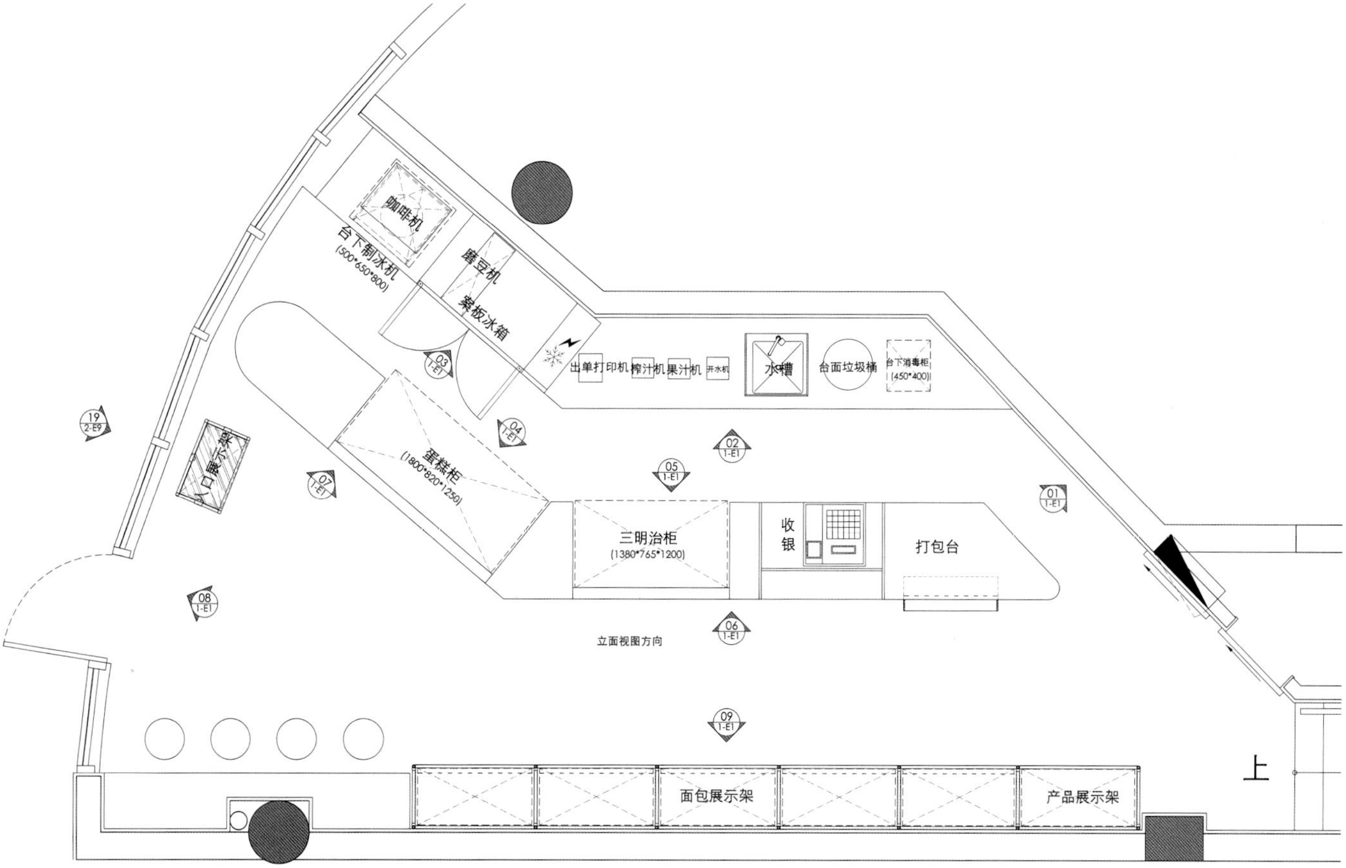

一楼总平顶、立面、节点

外观

一楼陈列区

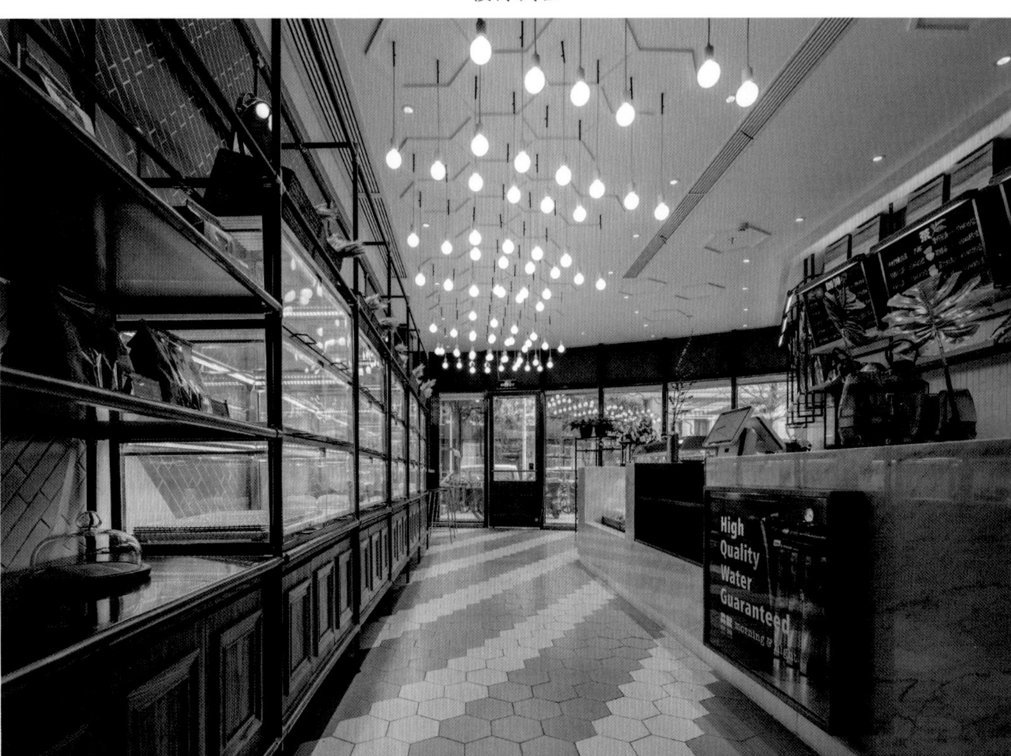

一楼陈列区

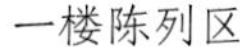

一楼陈列区

吧台

楼梯

二楼教学区

二楼教学区

二楼教学区

二楼教学区

二楼教学区

二楼教学区

二楼教学区

二楼教学区

二楼教学区

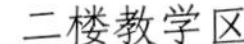
二楼教学区

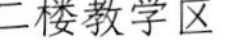
二楼教学区

二楼教学区

杭州多伦多自助餐厅

小资情调，清扬雅致下的散淡自由

设计师：
孙黎明
上瑞元筑设计有限公司 创始合伙人&纽约事务所总监

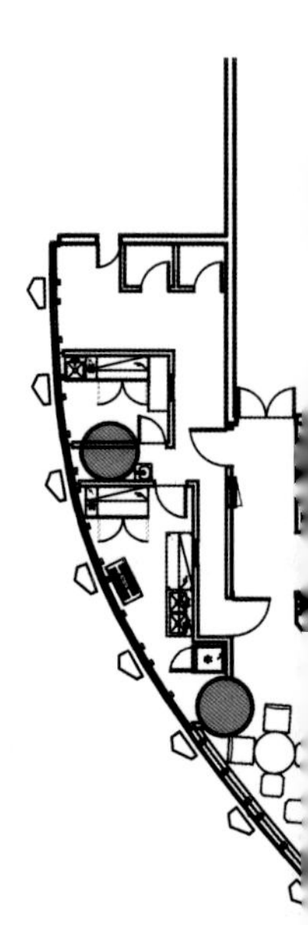

项目简介

项目所在地：杭州市
主创设计师：孙黎明、陆逊
参与方案设计：胡红波、陆荣华、周怡冰、王晶
项目总面积：890平方米
主要材料：新古堡灰石材、镀铜金属板、钢网、六边形马赛克、六边形地砖（深灰、浅灰）、灰色条形砖、锈镜、复合地板、石英石
摄影师：陈铭

设计说明

“山外青山楼外楼，西湖歌舞几时休”，杭州古迹众多，西子湖无疑是杭州的代名词，本案提取西湖的“水元素”为设计主线，演绎成“六边形水分子”贯穿于整个空间，打造出丰富、俊朗、明快且充满力量的自助就餐环境。大地色系的色彩氛围、钢网的曲线勾勒、冷峻金属的使用，使亲和饱满的餐饮空间平添了一丝贵族气质，品质感与丰富度造就的混合性格尤其适合小资阶层的口味，这也正与项目所在基地——来福士的主力目标群（时尚年轻）高度吻合。

六边形水分子造型的钢网萦绕在天花上，用通透轻盈的质感，浅浅地诉说了水的故事，运用切割的构成方式形成体块化的岛台设计，多趣味、多形态的的调性显著易识，也为取餐赋予了灵活性，空间里材料的粗、细对比，色彩深浅对比，器皿陈设的拙、丽对比，预留了充分的展映余地；锈镜、帷幔、纵向规则的条格、异域的吊顶，无不在文化格调上充分彰显小资阶层的审美趣味，清扬雅致下，营造出散淡自由的慢生活情境。自然形成不同的情境空间，统一空间气质下又有微妙的变化，大大丰富了目标客群的多维就餐体验，从所有细节上，消费者会看到空间表情的丰富与生动饱满，如款型简约且精致的前台、红色的丝绒帷幔，以及六边形纹样窗帘、美食餐饮业道具、自然形态剪影、粗粝的墙和实木、马赛克等每个细节都值得玩味。

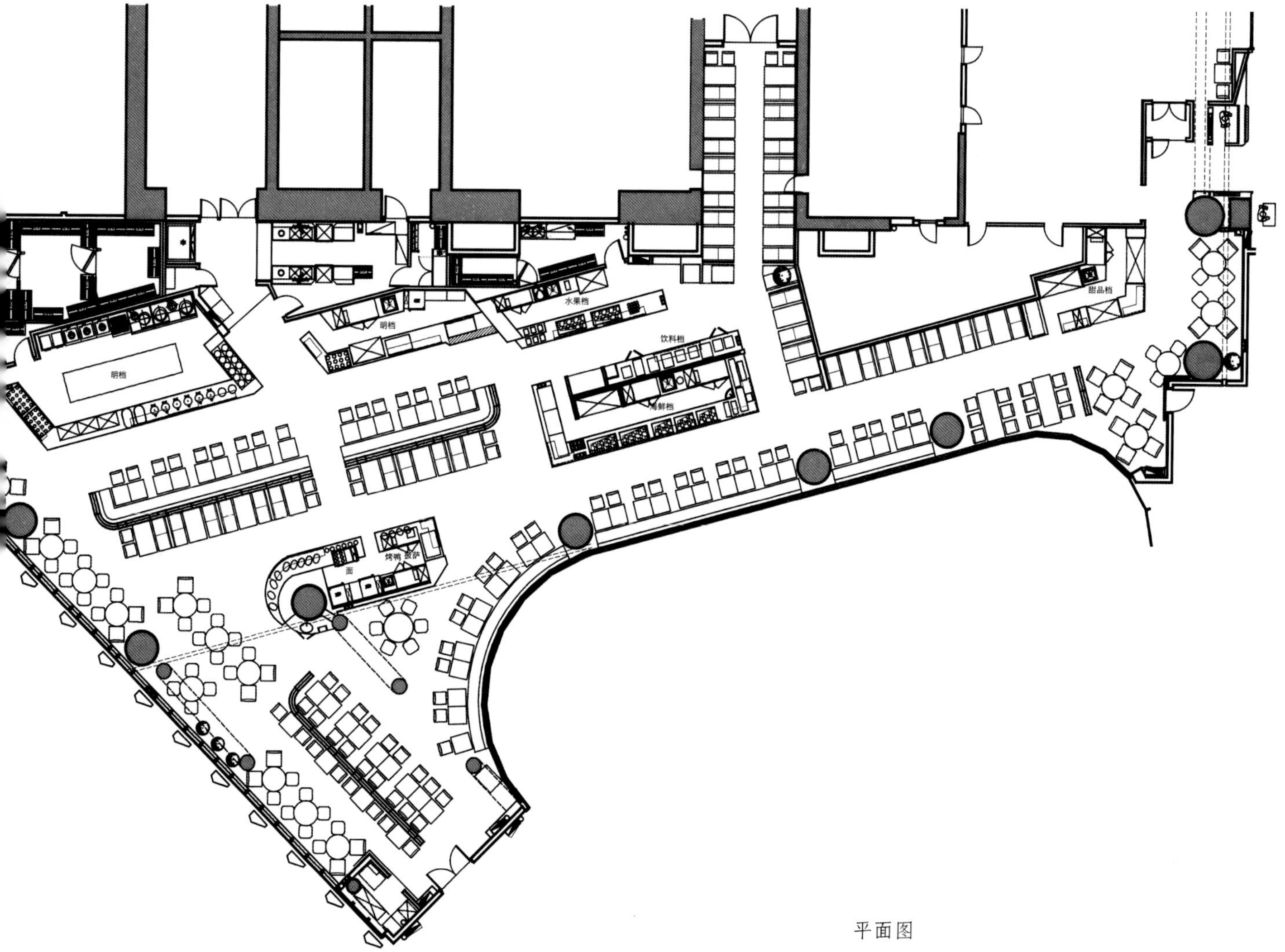

平面图

外观

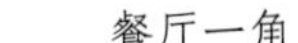

餐厅一角

餐厅全貌

六边形水分子造型钢网

取餐区位于餐厅中间

就餐区

就餐区

就餐区

就餐区

卡座

局部

局部

局部

局部

局部

南京青奥中心西餐厅

江水流淌，城墙屹立，共绘大国设计

主创设计师：
王剑
金螳螂设计研究院 副总设计师
第二设计公司执行总经理

项目简介

参与设计：田竹、王圣晖

项目所在地：南京市

项目总面积：1500平方米

主要材料：GRG、木纹石、木饰面、金属氟碳漆、玻璃、乳胶漆、透光膜、环氧水磨石

摄影师：裴宁

设计说明

该西餐厅位于青奥会议中心五楼，面积约1500平方米，设计延续建筑风格，整体基调素雅明快，同时利用灯光的明暗变化，营造出西餐厅特有的用餐氛围。空间设计灵感来源于流动的江水、古城墙砖块的形态演变等元素，在顶面将气势磅礴的长江水经过艺术形态的演变，并通过弧形动感光带造型，展现出长江水波浪起伏的丰富变化。在墙体立面处理上，两侧墙体不规则四边形的排列组合，体现出运动所展现出来的活力和变化，与奥运主题更加融合。入口墙体采用南京古城墙砖块造型，进行抽象提炼重组，沉淀出南京本土的历史人文元素，使整个西餐厅设计风格既新颖，又极具视觉张力及艺术感染力。

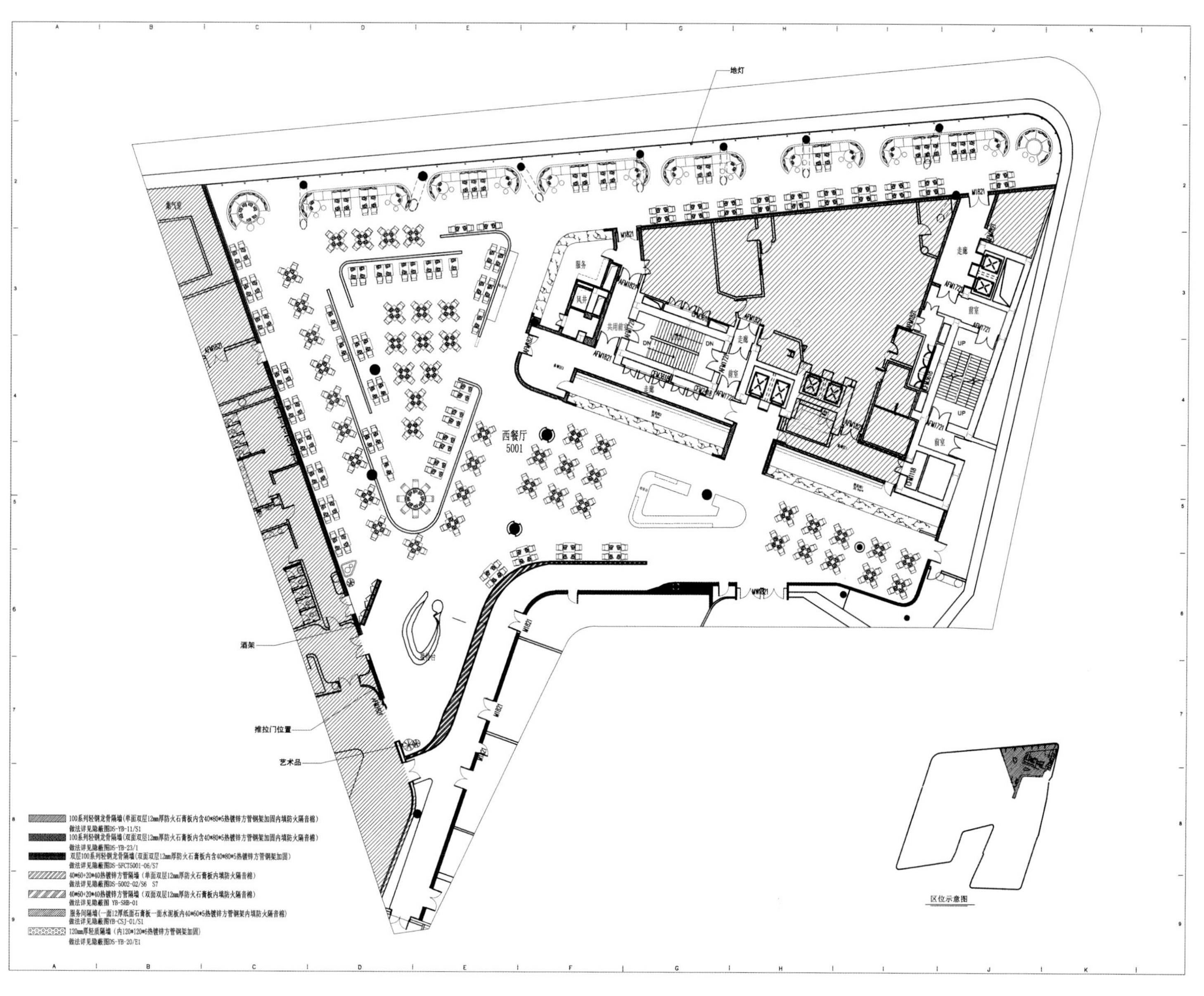
地灯
西餐厅
5001
酒架
推拉门位置
艺术品
100系列轻钢龙骨隔墙(单面双层12mm厚防火石膏板内含40*80*5热镀锌方管钢架加固内填防火隔音棉)
做法详见隐蔽图DS-YB-11/S1
100系列轻钢龙骨隔墙(双面双层12mm厚防火石膏板内含40*80*5热镀锌方管钢架加固内填防火隔音棉)
做法详见隐蔽图DS-YB-23/1
双层100系列轻钢龙骨隔墙(双面双层12mm厚防火石膏板内含40*80*5热镀锌方管钢架加固)
做法详见隐蔽图DS-5FCT5001-06/S7
40*60+20*40热镀锌方管隔墙（单面双层12mm厚防火石膏板内填防火隔音棉）
做法详见隐蔽图DS-5002-02/S6 S7
40*60+20*40热镀锌方管隔墙（双面双层12mm厚防火石膏板内填防火隔音棉）
做法详见隐蔽图 YB-SHB-01
服务间隔墙(一面12厚纸面石膏板一面水泥板内40*60*5热镀锌方管钢架内填防火隔音棉)
做法详见隐蔽图YB-CSJ-01/S1
120mm厚轻质隔墙（内120*120*6热镀锌方管钢架加固）
做法详见隐蔽图DS-YB-20/E1
区位示意图

平面图

西餐厅

西餐厅视角

西餐厅视角

西餐厅视角

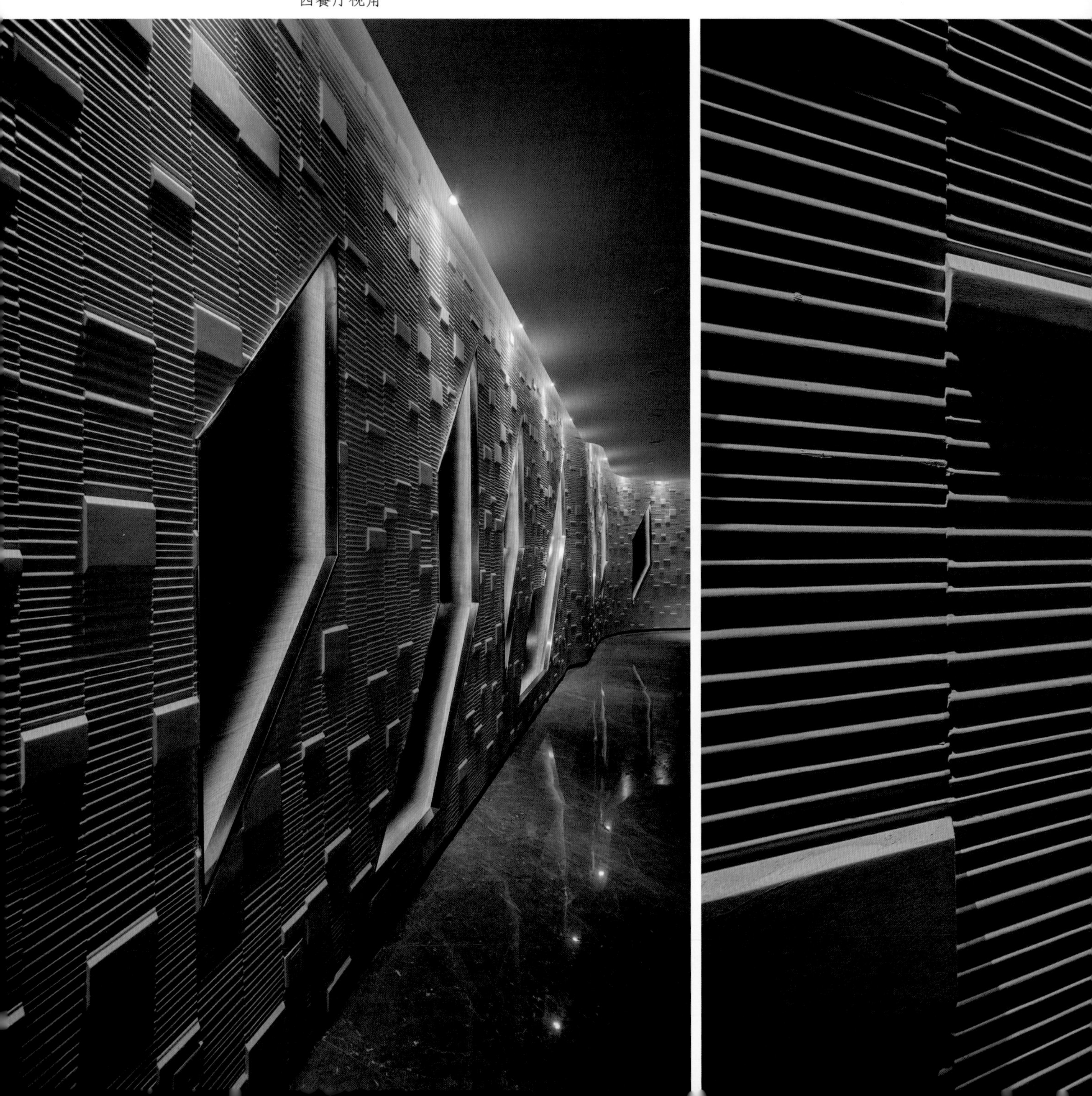

西餐厅走道

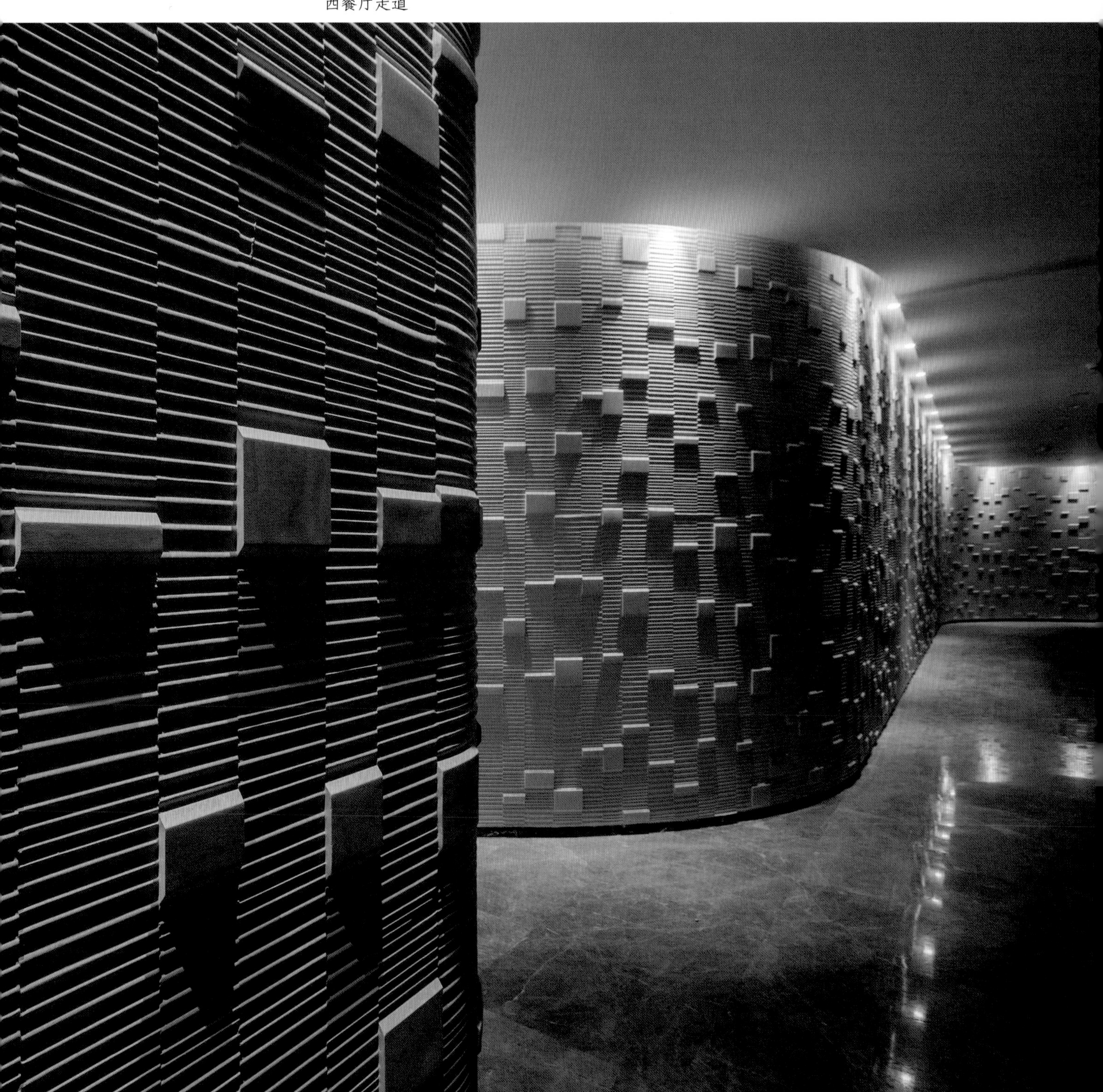

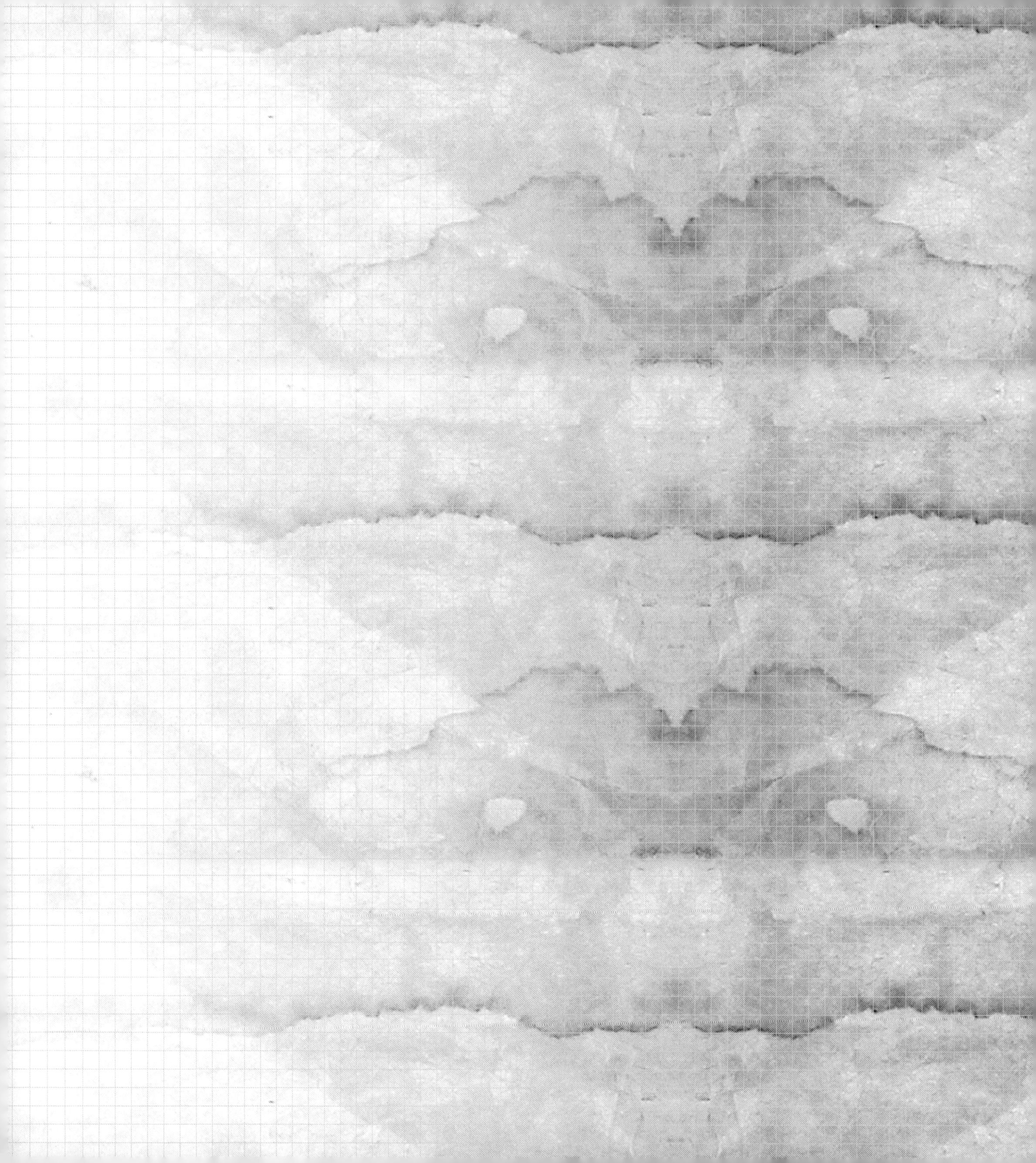

浅饮慢酌

—— 茶馆＆酒吧

笑知堂茶会所

全新的现代茶楼

设计师：
蒋国兴
叙品空间设计 董事长

项目简介

项目总面积：500平方米
设计公司：叙品空间设计有限公司
空间陈设：叙品陈设（品三品陈设配套）
主要材料：藤编壁纸、原色木板、花格、麻绳

设计说明

笑知堂把握典雅的理念，布置以舒适、轻松、悠闲的环境，使身处其中的人总在一种自由、亲善、清静的心态之中，体现出了东方式的精神内涵和中国的文化。享受其中的世俗之乐，品味其间弥漫的茶韵、文韵、音韵、情韵和世韵。

茶楼装修的总体风格上没有过于华丽，但有自己的特色。笑知堂坚持自己的理念，既突出中国文化，亦有现代风格，力求将茶楼设计成最时尚最有特色的休闲场所，给人带来一种全新的现代茶楼感觉。

本案的色调为暖色系，白棕为主色调，红、蓝、绿为点缀色调，整体空间比较亮。空间中以白、蓝、粉为室内点缀色，整体空间的软装饰同步背景音乐，使得环境更加舒适。

为了应景，几个枯木摆放在一侧，仿佛闻到了一阵花香。走廊的后方有一个水景，白色的枯木、小型的假山是它的点缀，枯木上开出朵朵娇艳的花朵。利用枯木制作的衣架，用竹子编制的编藤吊灯，纯白色的百叶帘，蓝色的衣柜，具有古香气息，不禁让人心境平和。包厢用白色花隔断做门，门前用纱帘作为遮挡，也增添了些许神秘感。白色压条与白色藤编壁纸结合，麻绳与灰砖结合的顶面，没有添加色的原色木板，原木色的座椅沙发，从底到顶的黑白山水壁画。卫生间直接转换成现代的视角，蓝绿色亮光面的墙砖，与白色的地面和隔断搭配，充分展现现代风的美。

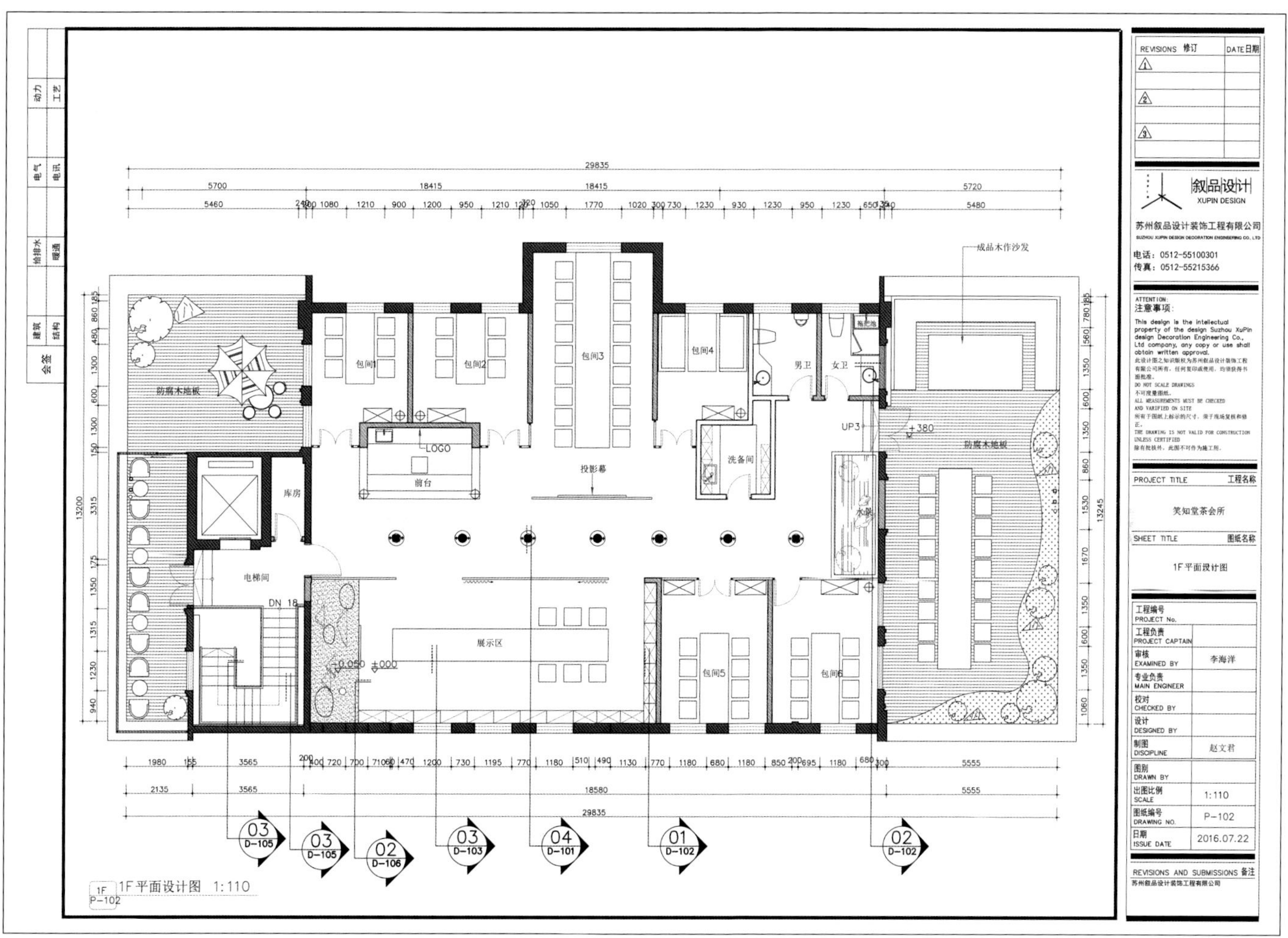

平面图

吧台

吧台

吧台

吧台

包间

包厢

包间

产品区

大厅

大厅

多功能室

产品展示

多功能室

过厅

过厅

品茶区

草木茶舍

气氛是茶文化空间的关键，光是空间的灵魂

设计师：
黄冠之
HSD.（佛山）黄氏设计师事务所 创始人、总设计师

项目简介

项目所在地：佛山市
项目总面积：320平方米
主要材料：唐家古建灰砖及瓦、干竹、石头、树木、水泥油
灯光辅助：佛山宝瑞通光电科技有限公司
摄影师：野猫

设计说明

设计师试图通过原始材料的结合为建筑空间带来不一样的力量感与简洁感，创造出富有诗意的茶文化空间。

拥有9.3米层高和朴实的水泥毛坯墙是该商铺最大的特点，设计师采用竹竿做模的钢筋混凝土技术，从格局规划到室内效果进行整体化设计。常见的竹、砖、瓦、石、树和水泥构建出空间围合的同时营造出朴素、天然而禅静的气场，创造了可以接待、品茶、产品展示、观赏、聚会、表演、培训、阅读、书画、听乐等等丰富的功能空间。通过廊道、圆拱、窗洞和梯台的巧妙布局让人像游走于苏州园林般，隔而不断，移步换景。家具、灯具、芦苇、茶具、陶瓷品、挂饰等每个器物都是空间最合适的伴儿。人、空间、材料，还有器物之间达成了最好的状态，四者自然地产生了化学反应——这是设计师努力表达的茶空间美学与禅场域精神。

在整体场景建构中，设计师非常注重灯光的营造，根据使用需求，采用点光、暗

藏线光和装饰灯有的放矢地渲染场景气质。大堂上空高低错落地把藤球吊灯作为一组装置艺术，增强了大堂气势的同时。又与圆形墙洞与门拱呼应统一；楼梯底采用3瓦2700K投光灯与里面蓝色灯光形成对比，并与远处梯台墙体拉开层次，将石头缸竹形成一体景观；产品过道采用3500K灯带发光盒子进行产品展示，形成良好的立体效果和空间韵律，水泥墙面的光从天花导轨射灯投下，进一步加强了空间层次感；一楼茶座和二楼公共区茶座均采用3瓦2700K小射灯装在带有装饰性的斗笠、鸟笼和帽子内，让灯光柔和地聚焦在桌面上；二楼上三楼的写意画并没有直接地照亮而是将光角度直接投射到梯级上面，强调阶梯的同时还原出完整舒适的画面本身效果，相得益彰；黄竹墙面过道考虑层高问题，直接使用5瓦4000K圆筒射灯提亮，营造出诗意空间；三楼包间为表达私密性与宁静感，统一采用3瓦2700K射灯装在装饰灯具内，给了空间主体光效，竹墙面内四周地上安装7瓦2000K灯带辅助勾勒出空间的轮廓，也进一步带来温暖的效果。

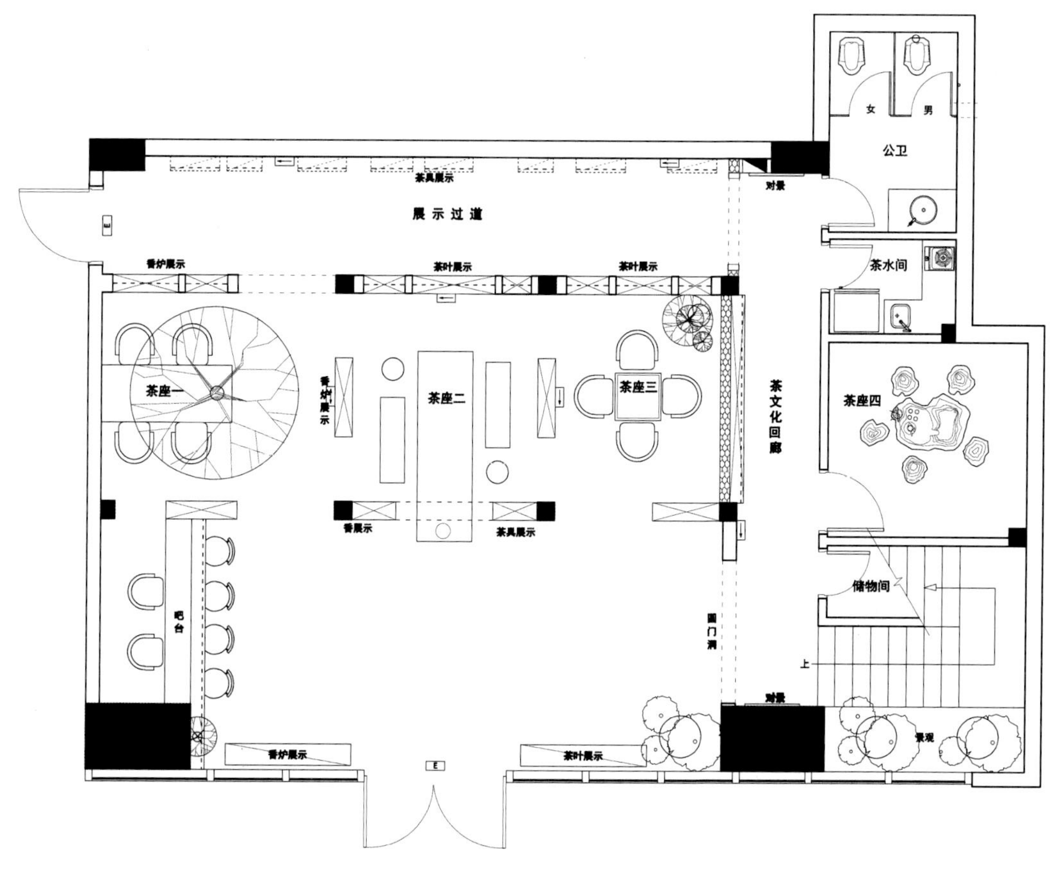

一层平面图

灯具

楼梯

楼梯侧面

窗洞

包间

廊道

局部

茶座

茶座

细节

墙面装饰

古筝

细节

沁言茗茶馆

清闲、清净的城中一隅，栖心养神之所

设计师：
江焕文
国广一叶装饰机构厦门分公司 铂金瀚副总设计师

项目简介

项目所在地：南平市
项目总面积：300平方米
设计师团队：江焕文、杨婉真
主要材料：杉木原木、木百叶窗帘、涂料、复合实木地板、钢化玻璃、水墨字画等

设计说明

本茶会所位于南平市市区沿街店面，全框架混凝土结构，建筑三面采光充足，周围环境怡人。室内设计上使用温润木材和花岗岩，尽量将石材和木材肌理裸露出来，营造一个适合身心休憩的自然环境。

朴木素雅，以木作器，以棉为布，有雨敲窗，木椅、竹帘、轩窗……人坐案前，环顾厅室，朴实无华，一派出清水般的隐者风格，散发着大自然芬芳的杉木、棉麻质布品，配以原木色地板，追求视觉和触觉的质感，符合返璞归真、闹中取静的处世之道。一间隐逸于闹市的茶室，踏入此清闲、清净的城中一隅，为栖心养神之所。

会所分为两个部分。

大厅：主要针对单一消费受众群体，为其提供短期休憩、品茗的活动场所。

包厢：为高端消费群体而设，为其提供消费、洽商、娱乐的场所，其功能相似于多功能厅，形成接待区、品茗区等，和谐的交流互动场所。

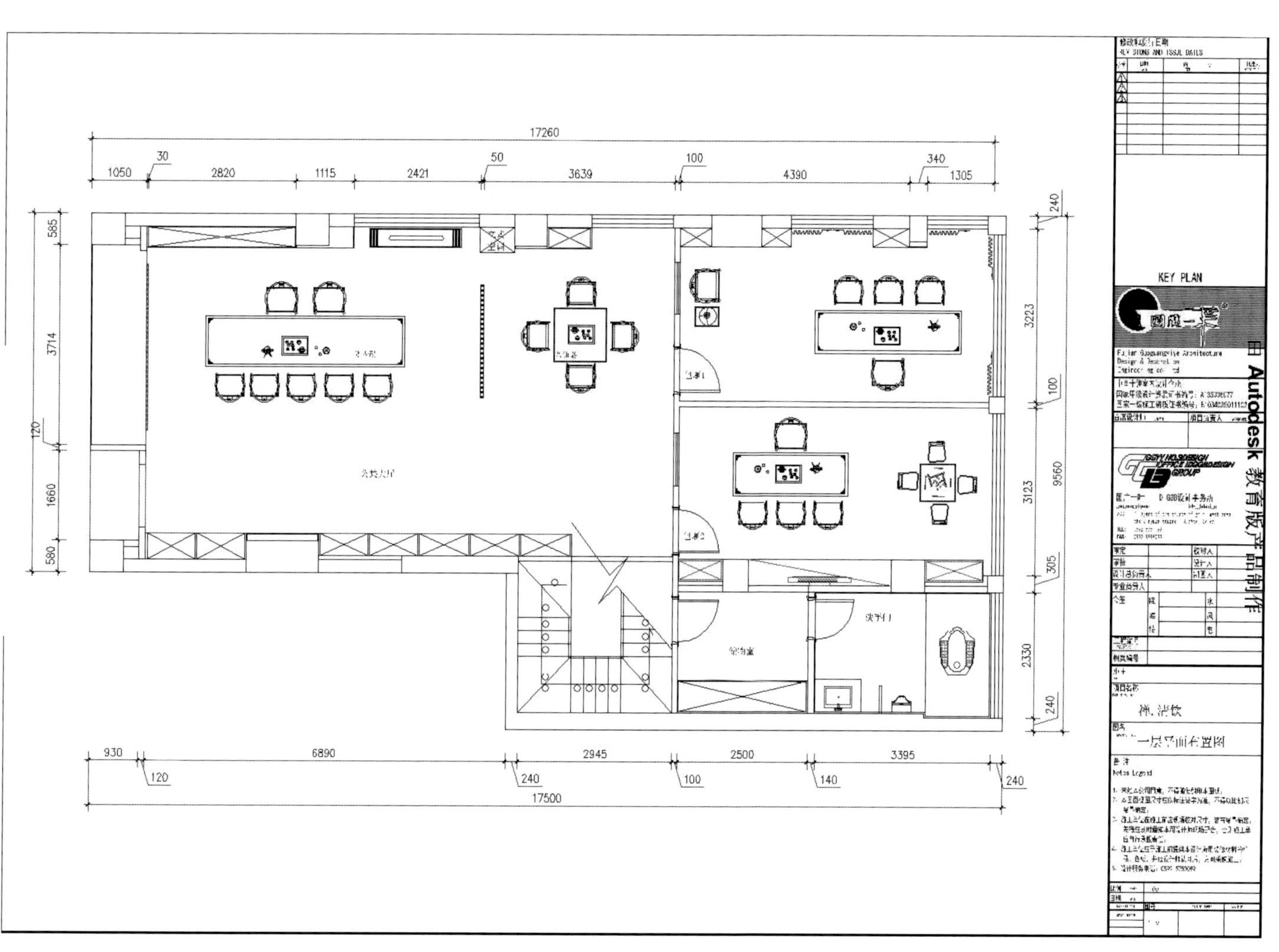
17260
1050
30
2820
1115
2421
50
3639
100
4390
340
1305
585
3714
120
1660
580
240
3223
100
9560
3123
305
2330
240
930
120
6890
240
2945
100
2500
140
3395
240
17500
KEY PLAN
Autodesk 教育版产品制作
禅.沽饮
一层平面布置图

平面图

外观

大厅

大厅

大厅局部

大厅局部

大厅

大厅局部

大厅局部

武汉赫本Hepburn酒吧

月入2000万元营业额的机能风主题娱乐爆品

设计师：
陈武
深圳市新冶组设计顾问有限公司 创始人

项目简介

设计单位：深圳市新冶组设计顾问有限公司
主案设计：新冶组设计顾问团队
项目总面积：3000平方米
项目完成时间：2018年6月

设计说明

科技的发展不仅改变人们的出行方式、时空观念，美学观念随着发生巨大改变。这就使得娱乐产业在科技发展的基础上得到转型和提升的空间，一方面是消费群体尝试全新消费体验；另一方面是娱乐产业投资方的商业价值正在迅速裂变。武汉赫本就是在此大环境下的一个成功案例。设计师致力于用科技和人文武装现代娱乐空间，让消费者获得与众不同的感官冲击。

武汉赫本酒吧沿用太空站机能风主题设计，在设计前期设计师背后的逻辑是为投资方的使用让空间利用率达到最高限度，毫无浪费，由此能带来高效运营。在案例设计过程中，如何将当地文化与未来元素融合，在科技未来感冰冷坚硬外壳中找到人文温暖，是项目设计师们需要突破的难点。

本案在硬朗的折线条中加入有弧度的曲线，力量中透着柔美。这些线条承前启后将引领顾客从神秘的入口走进各个空间。前厅，承载项目未来感的门面，设计师将其打造成太空舱的形态。棱角分明设计元素，配合流线型的光源线条，让人充满无尽的遐想。顾客仿佛游走夜里，走在未来，走在异次元。在亦真亦幻中找到本真的自我。

穿过前厅，就是整个项目占比最大的区域——party区。900平方米的超大空间，人性化的空间设计理念结合无障碍技术，空间通透，视野开阔，便于交流互动。圆润的角度衬托出穿越时空的错觉。指引着Raver到达音乐圣地的彼岸。超大的未来科技感派对空间，人性化的设计理念体现了无障碍技术。无论你站在哪个角度，视野都能轻松贯彻全场。

抓住年轻人等于抓住未来市场，赫本沿用机能风科技娱乐主题准确把握年轻市场，从消费者到行业领域都占据最前端。

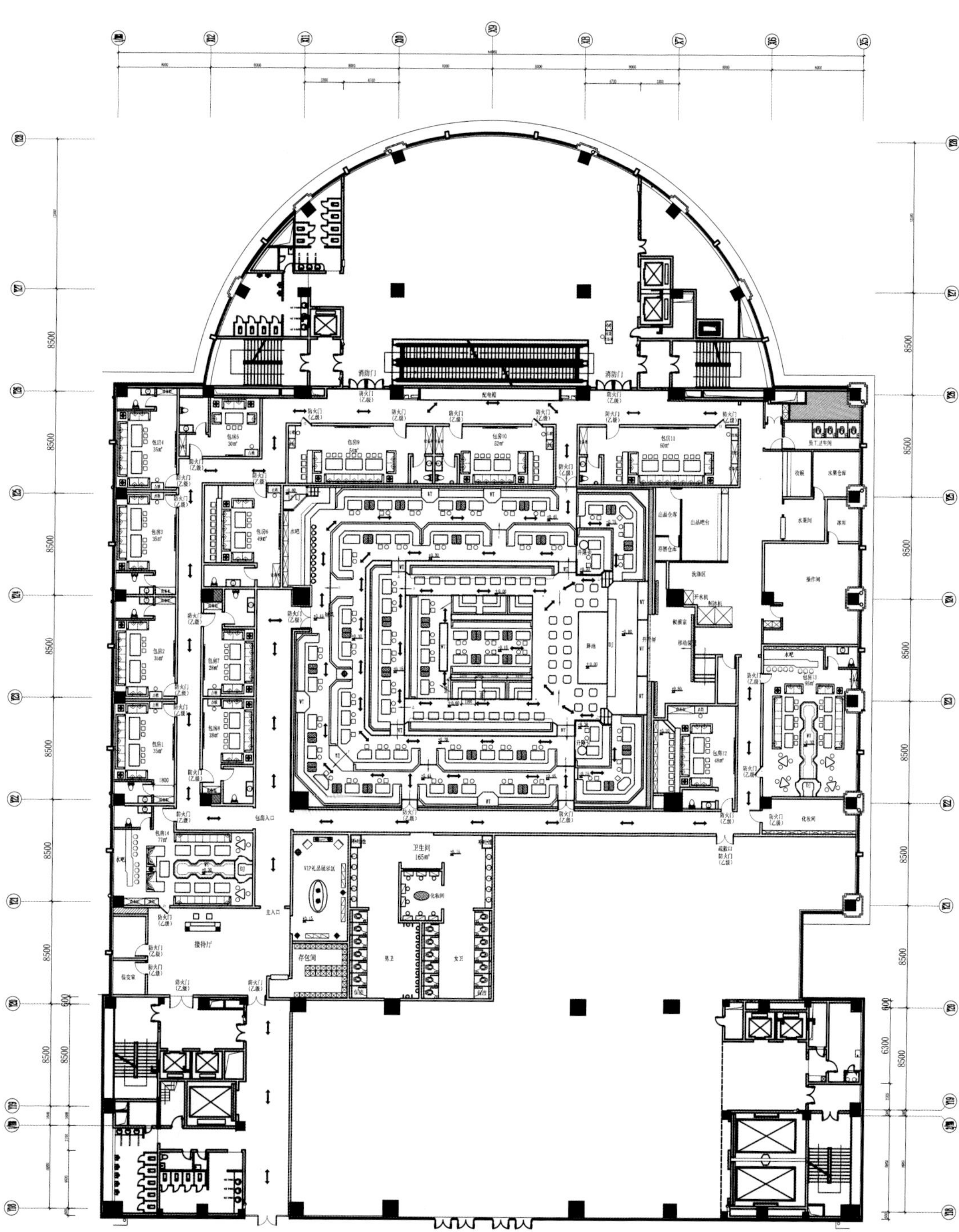

平面图

赫本酒吧

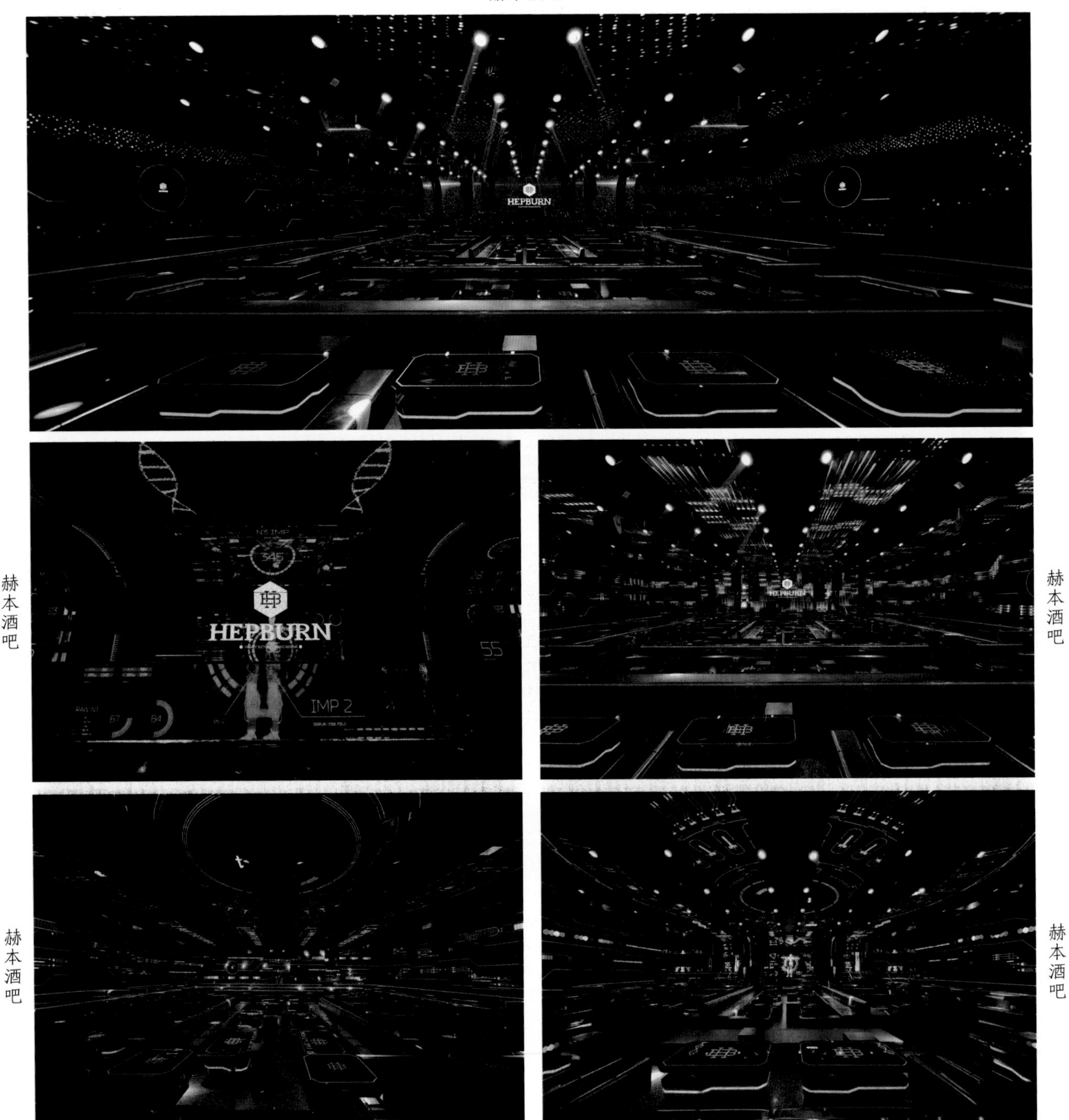

赫本酒吧

赫本酒吧

赫本酒吧

赫本酒吧

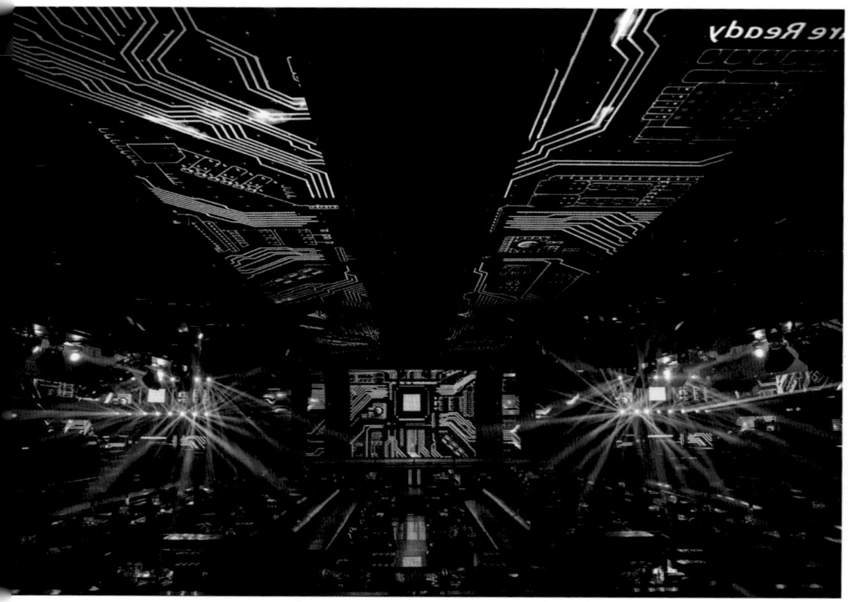

赫本酒吧

赫本酒吧

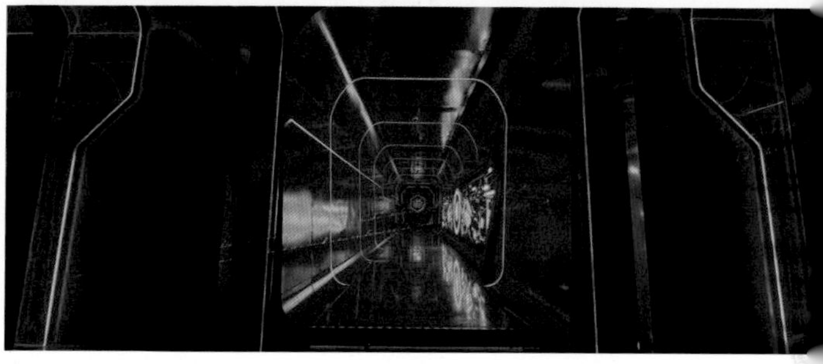

赫本酒吧

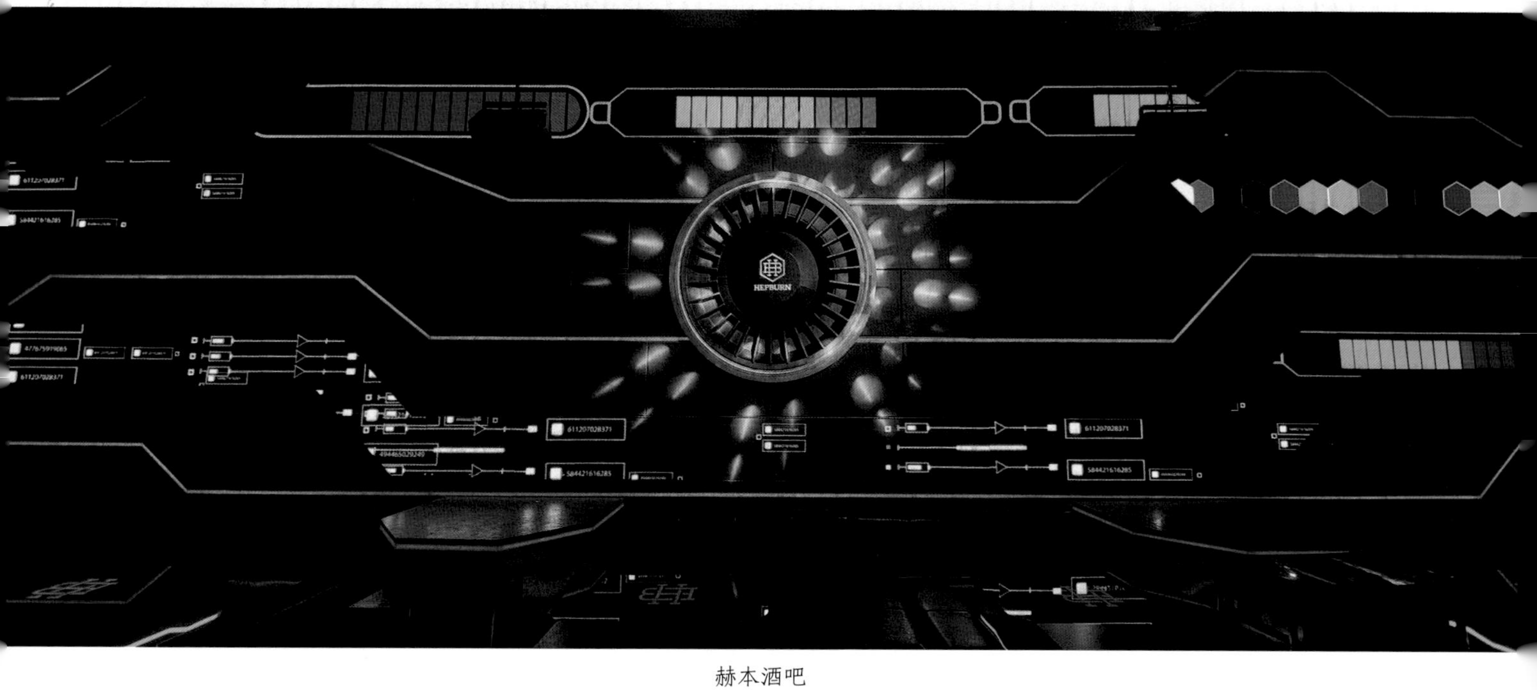

赫本酒吧

赫本酒吧

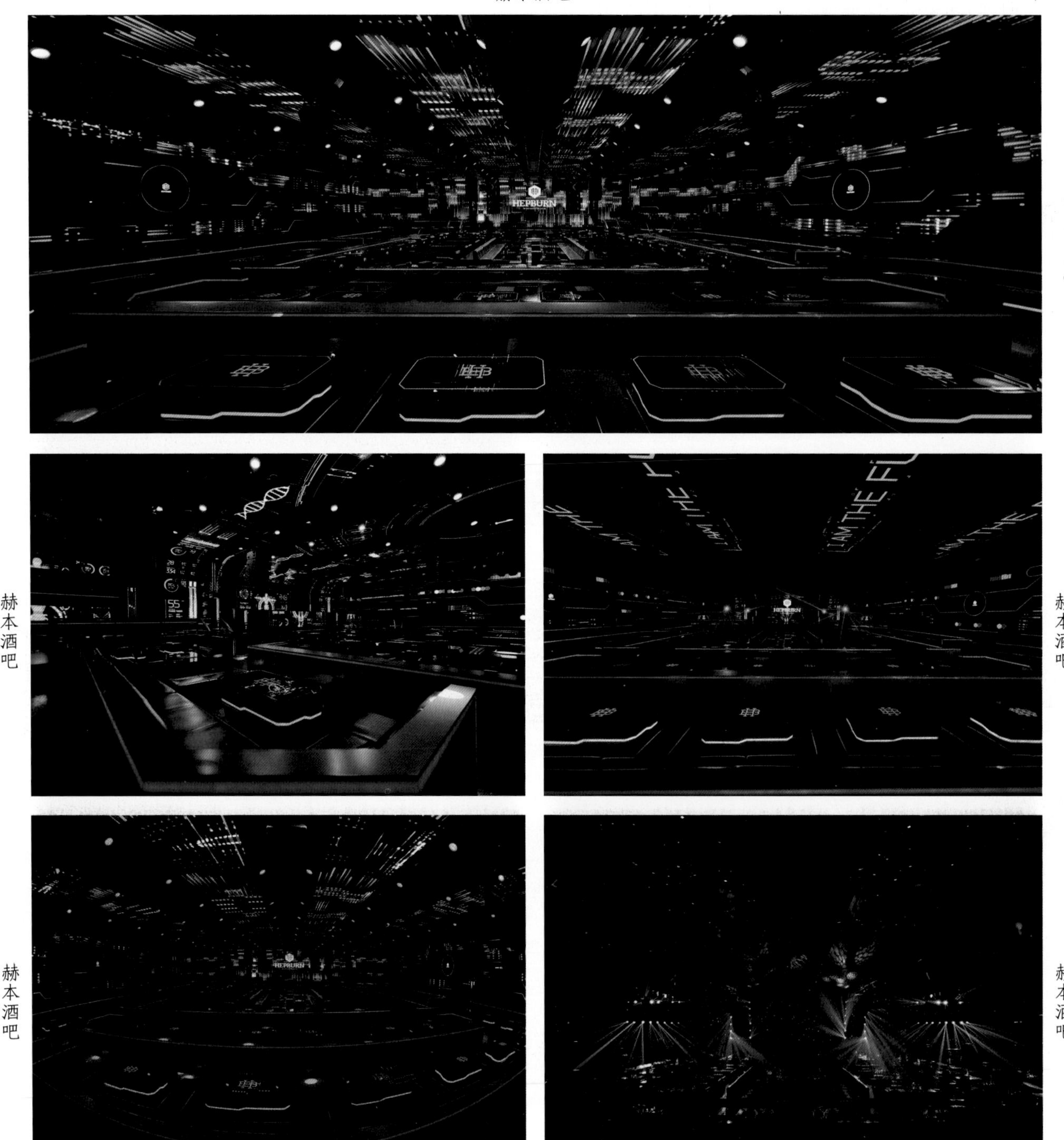

赫本酒吧

赫本酒吧

赫本酒吧

赫本酒吧

赫本酒吧

赫本酒吧

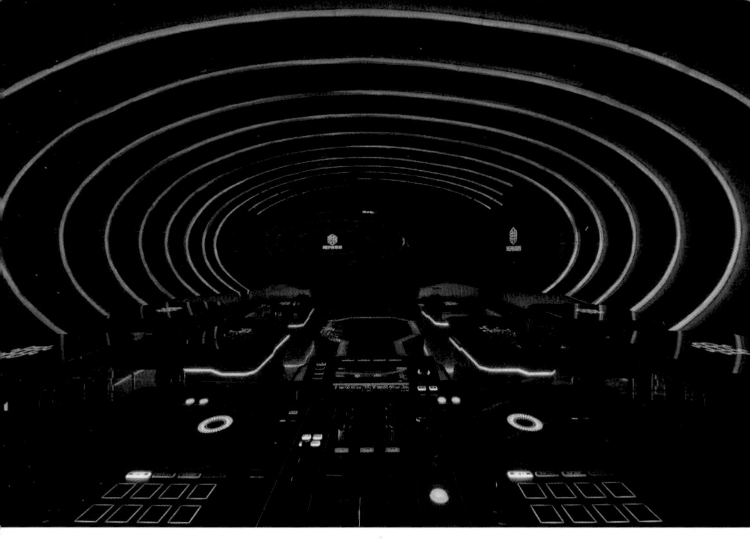

赫本酒吧

赫本酒吧

海口香格里拉Cooper 威士忌酒吧

如果能够只用一杯酒，沟通世界，那将多完美

设计师：
胡朝晖
瑞迦尚景国际工程设计有限公司 创始人/设计总监

项目简介

设计范围：整体空间
项目所在地：海口
项目总面积：850平方米

设计说明

海口香格里拉酒店Cooper威士忌酒吧，设计理念源于单一麦芽威士忌产品主题，融合英伦时尚元素；打造富于苏格兰情怀的室内空间。对威士忌制酒工艺地展示是设计师对空间的表现方式之一，充满集合线型结构的空间，纯手工订制高达约7米的红铜酿酒蒸馏器垂直贯穿于室内，辉煌夺目的光泽与厚重的质感散发空间独有的沉稳与奢华。

入口处红铜造型验酒器与精致的威士忌酒陈列柜，增添视觉上微妙的造型变化，原本古朴的威士忌酒瓶也生动无比，麦芽芳香四溢。

空间重点采用亚光材料，吧台区域搭配苏格兰格纹马赛克，用材对比鲜明。现代时尚的线性设计，使得空间布局流畅，各区域自然融合。

色彩方面，苏格兰格纹的多彩与淡雅的中性色、金属铜色相得益彰，营造出静谧雅致的空间氛围。

吧台上空悬吊的品牌定制标识“Cooper——琥珀”，是为琥珀流光之意，将整个空间的灯光焦点汇聚在此，犹如在广阔无垠的大海上闪烁着的启明星，同时也营造起伏跌宕的氛围。

酒吧的软装设计搭配了英伦时尚文化饰品，和谐地装饰着空间的每个角落。

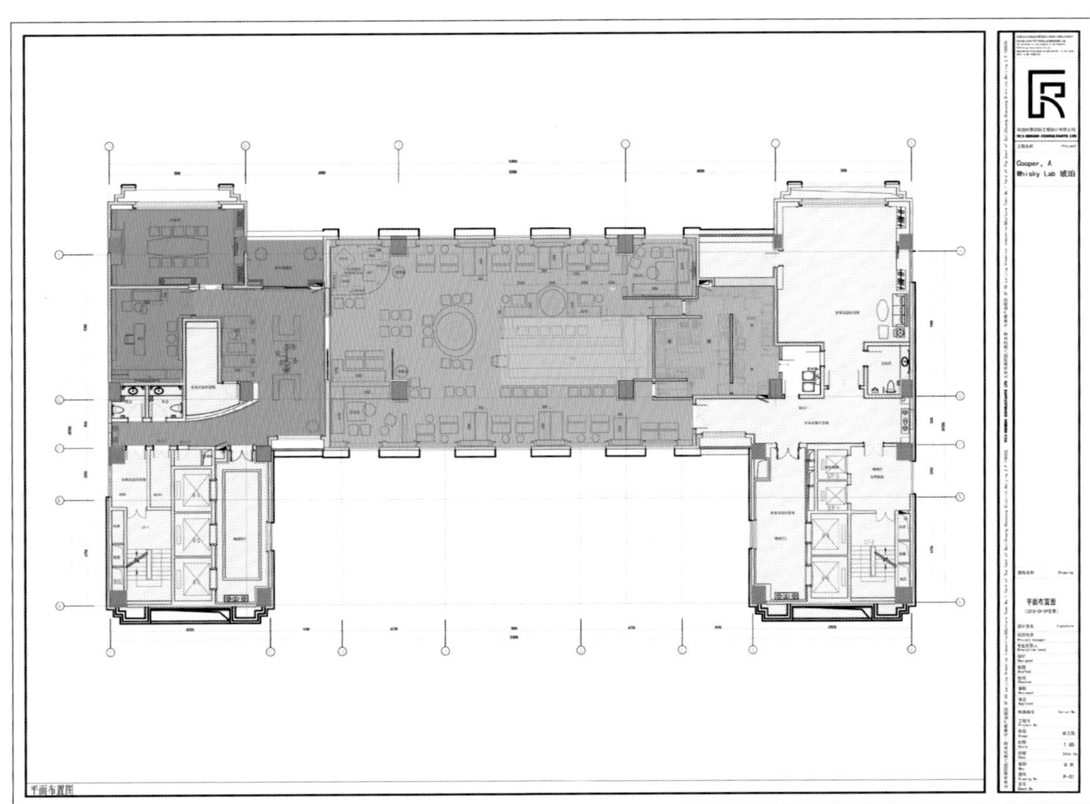

平面图

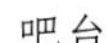
吧台

酒柜细节

品鉴区

威士忌红铜验酒器

品鉴区

品鉴区

入口展示

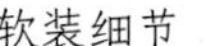

软装细节

软装细节

后记

“最”，极致之意，“最设计”意味着对设计品质的追求，对设计情怀的坚守，对设计新思路的探索。

餐厅设计是一门学问，近于艺术，不止艺术，值得琢磨。了解一件事情最快的途径无非是走近它，感受它，分析它。

近年，线上经济发展迅猛，大型实体商场，餐饮几乎撑起了半边天，这也更促进了餐饮设计的进化。

本书选取了近两年来完成的餐饮空间设计经典案例分析45例，力求涵盖目前比较主流的餐饮空间类型，其中有：

食古者慧——中式精品餐厅（8例），所选作品巧妙运用中国传统文化，并加以现代手法进行表现，让食客可在竹影婆娑、光影摇曳、庭院流水潺潺声中愉悦品味中华美食。

味有独钟——特色美食&主题餐厅（15例），火锅、面馆、涮肉店、烤肉店、春饼店、羊汤馆、海鲜主题餐厅尽在其中，体验不一样的烟火气息。

食尚风潮——时尚餐厅&快餐厅（7例），有限的预算，狭小的面积，如何打造别致而精致的就餐空间？时尚与青春，活力与个性足以将一切不足化解。

西风东渐——日式料理&西餐厅（10例），如何清雅而不寡淡？高雅而接地气，这里可以找到一些解答。

浅饮慢酌——茶馆&酒吧（5例），精选的茶馆设计案例和名家知名酒吧设计项目，让我们看到雅致而具有健康情趣的“饮”空间。

本书作品多选自中国建筑装饰协会指导，深圳市福田区区委、福田区人民政府特别支持的中国国际空间设计大赛的获奖作品，特此致谢！

感谢提供作品的各位设计师的倾情分享！

本书由陈韦统稿，刘娜静、丁艳艳、毕知语、李胜军、李艳等在与设计师的沟通以及稿件的筛选、整理等方面也做了很多工作。

希望此书能够透过餐饮空间经典设计案例之窗，窥见中国餐饮空间设计发展的现状和成果，成为行业从业人员的借鉴图册。

绿蚁新醅酒，红泥小火炉。

晚来天欲雪，能饮一杯无？

餐与饮，永远是美好的事情，有了这些出色餐饮空间设计师的助力，愿它变得更美好。

“最设计丛书”编委会

二零一八年秋于北京